新疆农业职业技术学院现代学徒制试点学徒岗位教材

U0821108

农业机械装配工学徒岗位手册

张绍军　张双侠　主编

中国农业大学出版社

·北京·

内 容 简 介

本教材作为农业装备应用技术专业学徒制农业机械装配方向的教材，所对应的工作岗位是农业机械装配岗位。教材主要针对刚进入农业机械企业的农业机械装配工的基本知识和技能展开学习。教材从行业认知、岗位学习两部分入手。内容包含认识农机制造装配行业、走进农机制造装配企业、了解岗位职责、学徒岗位安全教育、学徒岗位工作技术要求、学徒岗位工作内容。

本教材文字精炼，通俗易懂，现代职业教育特色鲜明，既可作为教师和学生开展“校企合作、工学结合”人才培养模式的特色教材，又可作为企业技术人员的培训教材，还可作为广大农业机械维修人员的短期培训、技术服务和继续学习的参考用书。

图书在版编目(CIP)数据

农业机械装配工学徒岗位手册 / 张绍军，张双侠主编 . --北京：中国农业大学出版社，2024. 8. --ISBN 978-7-5655-3256-6

I. S22

中国国家版本馆 CIP 数据核字第 20242866YY 号

书　　名　农业机械装配工学徒岗位手册
Nongye Jixie Zhuangpeigong Xuetu Gangwei Shouce

作　　者　张绍军　张双侠　主编

策划编辑　康昊婷　　**责任编辑**　康昊婷
封面设计　郑　川　李尘工作室
出版发行　中国农业大学出版社
社　　址　北京市海淀区圆明园西路 2 号　　**邮政编码**　100193
电　　话　发行部 010-62733489，1190　　读者服务部 010-62732336
编辑部 010-62732617，2618　　出　版　部 010-62733440
网　　址　http://www.caupress.cn　　**E-mail** cbsszs@cau.edu.cn
经　　销　新华书店
印　　刷　河北朗祥印刷有限公司
版　　次　2024 年 9 月第 1 版　　2024 年 9 月第 1 次印刷
规　　格　185 mm×260 mm　　16 开本　　10.25 印张　　204 千字
定　　价　32.00 元

编 审 人 员

主　编　张绍军（新疆农业职业技术学院）
张双侠（新疆农业职业技术学院）
副主编　邹建中（新疆兵团兴新职业技术学院）
王杰华（新疆农业职业技术学院）
田多林（新疆农业职业技术学院）
参　编　李谦绪（新疆机械研究院股份有限公司）
唐　成（新疆元农机械设备有限责任公司）
于海丽（新疆农业职业技术学院）
审　稿　刘新军（新疆农业职业技术学院）

前言

党的二十大报告指出，教育、科技、人才是全面建设社会主义现代化国家的基础性、战略性支撑。农业机械装配工学徒岗位课程在高职院校的学徒制教学中占有重要地位，对于培养大学生尤其工科学生学习装配工艺知识、认识现代工业生产方式、树立工程意识、培养团队精神具有重要意义，它担负着全面提高学生的机械工程素质和工程实践能力，培养职业型、技能型和创新型工程技术人员的重要任务；同时也为农机等专业的专业课学习提供前期感性认识和工程实践基础，在培养技能型人才方面所起的作用是其他课程无法取代的。

本教材充分考虑了农业机械装配学徒岗位课程的基础性、综合性、实践性特点，从大多数学生不具备机械加工知识的实际出发，打破传统教材的风格，按照企业装配工岗位，分任务进行内容设计，兼顾岗位实践与课堂教学，同时注重思想教育，培养学生热爱劳动、注意安全、遵守纪律和理论联系实际的优良作风。在教材编写过程中广泛听取了同类学校的专业教师和企业生产一线的工程技术人员的意见，使该教材的实用性大大增强。

本教材由新疆农业职业技术学院的张绍军、张双侠任主编，邹建中、王杰华、田多林任副主编。具体编写分工如下：张绍军编写第一部分、第二部分第二章第六至九节，第二部分第三章内容；邹建中编写第二部分第二章第一至五节内容；王杰华编写第二部分第一章第一节、田多林编写第二部分第一章第二节。其中具体的学徒岗位工作任务由新疆机械研究院股份有限公司李谦绪编写，全书由张绍军、张双侠、于海丽、唐成统稿。在本书编写过程中得到了新疆元农机械设备有限责任公司唐成等企业领导和技术人员的大力支持，在此一并致以诚挚的谢意。

由于编写水平有限，书中可能存在错误和不足，恳请广大读者提出宝贵意见，以便下次修订时改进。

编　者

2024 年 4 月

目　录

第一部分

行业认知

The first part
The first part
The first part
The first part

第一章
认识农机制造装配行业

第一节　我国农机制造装配行业的发展

农业机械是指在作物种植业和畜牧业生产过程中，以及农、畜产品初加工和处理过程中所使用的各种机械，简称农机。

一、我国农机发展的历程

农机的发展随着社会的发展变革大致经历了原始时期和现代化时期两个阶段。

1. 原始时期

农机的起源可以追溯到原始社会，最早的农具以母系氏族时期半坡遗址和河姆渡遗址出土的石斧、石镰、石铲等石器为代表。仰韶文化出土的文物证明新石器时代已经有了原始的耕地工具——耒耜。之后出现了铜犁头，配合畜力牛耕使用。春秋战国时期，多种铁制、木制农具已经在农业的耕种、收获、生产与加工的各个方面广泛应用。进入封建社会后，农具虽然在种类上不断增多，在细节上不断改进，在结构上日趋复杂，但在动力来源上始终没有摆脱自然之力，如人力、畜力、水力等。《齐民要术》《耒耜经》《天工开物》等书籍，都对各个时期农业生产中使用的各种机械和工具有详细记载。

2. 现代化时期

工业革命发生后，机器动力逐渐在社会生产的各个方面代替自然之力，农机发展进入现代化时期。结合我国农机发展实际，我国的农机现代化时期又可以分成几个阶段。

1949—1980 年：新中国成立后，我国的农机发展开始进入现代化时期。1954 年召开的第一届全国人民代表大会第一次明确地提出要实现工业、农业、交通运输业和国防四个现代化的任务。在党和国家的领导下，我国建设了一批早期的农机制造骨干企业，包括第一拖拉机制造厂、天津拖拉机制造厂、鞍山红旗拖拉机厂等。

1981—1995 年：随着十一届三中全会的召开，我国进入了改革开放时期。土地经营主体在家庭联产承包责任制的推行下，由公社集体变成了农民个人。改革初期，由于国家在农业机械上的扶持力度和优惠慢慢降低，农机的发展步入暂时的“窘境”。这一时期政策上最大的突破在于冲开了“农机作为生产资料不允许私人所有”的禁区，把自主权交给了农民。1983 年，政府出台相关政策，鼓励农民个体购买、使用农业机械。此后，农业机械的发展逐步步入正轨。

1996—2003 年：1995 年，我国开始建立市场经济体制，农业机械化进入了以市场为导向的发展阶段。从 20 世纪 90 年代中期开始，随着城市化进程的发展，农村出现“进城热”的现象，大量劳动力开始向城市转移，农村季节性劳动力短缺趋势明显，农民使用农机的积极性不断提高，农业机械化服务的社会化、市场化步伐加快，联合收割机跨区机收逐步兴起，中国特色的农机化道路初步形成。

2004 年以来：2004 年，我国农机发展史上发生了两件具有划时代意义的大事，一是中央一号文件决定对农民购买和更新大型农机具给予补贴，二是《中华人民共和国农业机械化促进法》正式实施。《中华人民共和国农业机械化促进法》在促进和保障农业机械化方面发挥了重大作用。政策的支持和法律的保障从根本上促进了我国农业机械的发展，加快了农业现代化的进程，我国农业机械发展进入了历史上的黄金时期。

二、我国农机行业的重要性

我国是世界人口大国，也是传统的农业大国，农业是国家的命脉，而农业机械化是农业发展的重要保证，是推进农业现代化进程、提高农业国际竞争力、加快农村小康社会建设的必由之路。

农业机械化是指使用多种动力配置及其配套的农机工具装备农业生产，以实现农业现代化生产。农业机械化水平的高低，是国家农业工业化和现代化水平的重要标志。加快发展农业机械化的战略意义在于解放生产力，减轻从业农民的体力劳动强度，使农业生产劳动效率、农村农业资源利用效率和农业产品的商品化效率大幅提高，有效地促进农村及城镇第二产业和第三产业的发展，延长农业产业链获得更多收益，最终通过推动农业的发展达到社会的进步。

党和国家各级政府部门十分重视农机行业发展。2018 年 12 月 29 日，国务院印发《关于加快推进农业机械化和农机装备产业转型升级的指导意见》（以下简称《意见》）。《意见》指出，农业机械化和农机装备是转变农业发展方式、提高农村生产力的重要基础。各级政府部门及相关企业要以习近平新时代中国特色社会主义思想为指导，全面贯彻党的十九大和十九届二中、三中全会精神，以服务乡村振兴战略、满足亿万农民对机械化生产的需要为目标，以农机农艺融合、机械化信息化融合、农机服务模式与农业适度规模经营相适应、机械化生产与农田建设相适应为路径，以科技创新、机制创新、政策创新为动力，补短板、强弱项、促协调，推动农机装备产业向高质量发展转型，推动农业机械化向全程全面高质高效升级。《意见》提出，到 2025 年力争实现农机装备品类基本齐全、产品质量可靠性达到国际先进水平的目标：全国农机总动力稳定在 11 亿千瓦左右；全国农作物耕、种、收综合机械化率达到 75%，粮、棉、油、糖主产县（市、区）基本实现农业机械化，丘陵山区县（市、区）农作物耕、种、收综合机械化率达到 55%，设施农业、畜牧养殖、水产养殖和农产品初加工机械化率总体达到 50%左右。当前我国的农机行业发展正面临一个全新的机遇期，在新的形势和任务下，农机行业的健康快速发展有着非常重要的现实意义。

三、世界农机行业的发展现状与趋势

早在 20 世纪 60 年代，世界主要发达国家已经实现了农业的现代化，如美国、日本、法国和荷兰等国家不断推行农作物品种改良与改进，加快发展与农业配套的机械工业和农田水利设施，农业生产的单位面积产量得到大幅提高，这些国家不但拥有足够数量的农业机械，而且还形成了适合各自国情的农业机械化体系。美国是目前世界上农业机械化水平最高的国家。早在 20 世纪 40 年代，美国就领先世界各国最早实现了粮食生产的机械化。

目前，发达国家现代农机装备正向着大型化、高效化、智能化和机电液一体化方向发展，力争使农业机械适应大农场需求，如继续提高拖拉机功率，实现大型农机计算机控制、自动换挡、无级变速，提高操作舒适性、简便性等。近年来，美国开始致力于在谷物播种机、喷雾机、联合收割机等农业机械与装备上应用定位系统来进行监控作业等高新技术，并向着农业机械与装备的精准化方向发展。

而大部分发展中国家，如菲律宾、印度、泰国、智利、巴西等国家，也在大力加快本国的农业机械化水平，并积极采用拖拉机等配套农业机械与装备来进行各项农业作业。然而发展中国家的农业机械化发展水平在不同的地区存在很大的差异，发展极不平衡。

四、我国农机行业的发展现状与趋势

我国农业机械制造业是在新中国成立后从无到有逐步发展起来的，是从增补旧式农具和制造推广新式农具起步的。农机制造业作为我国机械制造业的一个重要的组成部分，在我国国民经济生活中扮演着重要角色，在我国农业生产中发挥了巨大作用，成为推动我国农业发展和实现农业机械化、现代化的基础气量。

经过多年的发展，我国已经确立了农机产品生产大国的地位。这个过程中，东方红牌、上海牌拖拉机等一批老的农机产品在农业战线上发挥了巨大作用，出现了洛阳拖拉机厂、上海拖拉机内燃机公司、江西手扶拖拉机厂等一批具有较强实力的农业机械制造企业。改革开放以后，我国大力引进国外先进的制造加工工艺，大大提高了我国农机制造的水平。目前，我国以拖拉机和联合收割机为代表的主要农机产品的数量远远超过世界大多数国家。

同时也要看到我国农机制造业发展的不足。虽然我国农机总量多，但巨大的人口基数仍使农机人均保有量处于世界平均水平之下；我国的综合机械化水平较低，并呈现明显的结构性不均衡，如小型机械较多而大中型机械较少，动力机械较多而配套机械较少，机耕机械化水平显著高于机播和机收，粮食作物机械化水平普遍高于经济作物，丘陵地带机械化仍处于起步阶段。我国的农业机械工业规模普遍偏小，产品技术含量较低，新技术和新设备难以得到推广，农机行业整体发展水平滞后。

在经历了改革开放快速发展之后，我国农业机械化支撑农业发展的能力得到明显增强，农业经济增长方式的转变进程和农业现代化的推进进程得到大幅推进，农业生产劳动的效率和生产能力得以明显提高。随之而来的是，我国的城镇化速度明显加快，大量人口从农村向城镇转移，农村土地面临着现代化、集约化经营的现实问题，这为农业机械化的推广应用提供了广阔的发展前景和历史机遇。

综合我国农机行业发展的现状和市场需求，可以预见，农业机械向着高效智能、节约环保、舒适便捷和个性、专用性方向发展是历史的必然选择。农业机械制造由传统技术向现代技术转变，如向智能高效发展；马力系统向无级变速转变，实现更平稳的驾驶；GPS 定位技术在农业机械中应用，使农机实现导航作业、精准定位；向“互联网＋现代农机”模式发展，利用互联网大数据平台，以信息化技术引导智能化农机技术和装备的创新。

第二节　我国农机企业面临的机遇与挑战

一、行业大背景——农业的代际发展

农机企业的发展直接受制于农业发展的水平，农机企业要想健康快速发展，必须对农业的代际发展有最基本的认识和了解。农业代际演进是一个漫长的渐进过程，技术的发展和商业模式的演替，不断推动农业从低代际向高代际发展，各代际的影响程度呈现此消彼长的趋势。当某一代际发展演进到一定程度时，量变引起质变，会自然进入下一代际，从而实现农业代际的动态跃迁。

中国传统的农业 1.0 时代极其漫长，无动力的农业机械很早就进入了农业生产，并且很长时期内都没有发生飞跃性的变化。新中国成立后，特别是改革开放以后，大型综合型农业机械才被广泛使用，农田里出现了机器的轰鸣，标志着一个农业生产新时代——2.0 时代的来临。

在农业2.0时代(机械化)到农业3.0时代(自动化)的演进过程中,机械化与自动化互相交替激励,以信息化的方式形成两个时代的软连接,这两个时代在一定程度上是相伴携行的。早期的机械化没有信息化的支撑,只是用机器代替人的纯劳力替换。机械化和信息化融合,机械的使用开始转向自动化,劳动力在一定程度上被释放出来。然而,自动化的内涵外延要远高于机械化,除了支撑机械化,信息化驱动下的农业还在向更高的智能时代跃进。由于信息化的支撑,农业2.0时代得以延长,为机械化赋予了自动化的特征。

农业4.0时代是一个新兴事物,我国目前还处在"概念的界定、内涵的丰富、示范工程的设计"这一阶段。农业4.0是一个技术为主的农业时代,显著特点是无人化,是对现代信息技术的高度集成,投资大,风险也大,具有典型的木桶效应。农业4.0时代的发展以互联网、物联网、大数据、云计算、人工智能技术为关键,迎合现代农业的发展需求是农业4.0走向现实的必经之路。从农业3.0到4.0的跨越在时间维度上很难分清界限,农业3.0的后期与农业4.0的初期几乎是叠加的。然而,农业4.0与农业3.0有着本质的差别,农业4.0对技术进步的要求极其苛刻,既要求物联网、大数据、云计算、人工智能等信息技术的协同,还要求数据信息与动植物生长性状等生物学特征进行精准匹配,完全是数字驱动的农业时代。

二、我国农机企业面临的竞争状况

当前,我国农机市场呈现出产业转型、品质提升、需求升级的发展趋势,正处于要素发展、创新驱动的关键时期。农机企业发展既面临机遇,又面临挑战。

我国目前能够生产3 500多种农机具,基本能够满足我国农业全程机械化的装备需求。2016年,我国农机行业实现主营业务收入4 745.3亿元,同比增长5.2%。传统农机企业纷纷进入农机具行业,不断完善、延伸产业链条,加强机组协同,丰富耕、种、管、收一体化产业谱系,主动为用户提供全套农业装备解决方案。各主要农机具企业纷纷进行产业拓展,从传统耕整地机械制造企业向种植机械、植保机械、大中型拖拉机、收获机械等产业领域发展;植保机械制造企业向耕整地、收获机械等产业领域延伸,产业结构、发展能力进一步增强。农机零部件配套企业产品稳步升级,产品品质大幅提升,有力支持了主机产品的换代升级。我国农机企业依然处于发展的黄金时期。

同时,我国农机企业发展也面临着严峻挑战。在产品结构上,虽然我国能生产制造的农机产品已达到3 500种左右,但从全球范围看,国外农机产品种类已达7 000多种,我国品种数仅为全世界总数的一半,且丘陵、经济作物等领域农机产品的空白点依然很多。除了品种不足,我国农机产品在产品性能技术水平、制造水平、产业组织、科技创新等方面与国际先进水平相比,也都存在较大的差距。以拖拉机为例,我国300马力的拖拉机仅解决了"有"和"无"的问题,180马力的拖拉机也才解决了批量生产的问题,而国外

500马力的拖拉机已基本实现了批量生产。在设计和制造环节，国外已经基本实现了数字化柔性制造，即在一条混合组装线上，既可以组装拖拉机，又可以组装收割机、插秧机等。而在国内，基础工艺、基础材料、基础零件——“三基”依然是制约我国农业装备水平提升的关键。产业组织方面，国际农机巨头企业已经实现了集团化经营，从数字化设计到高端制造，形成专业化分工配套协作的全产业链；而国内农机企业存在共性技术缺失、产业化组织程度低的问题。在科技创新方面，国内企业在关键部件的研究上进展缓慢，基础性研究明显不足。

当前，国际知名农机跨国公司正在加速抢占中国市场，它们凭借着新技术和高端产品优势压制国内企业和品牌，我国农机企业面临着严峻的挑战。

三、我国农机企业的自强之路

我国农机企业要想在竞争激烈的市场中生存，必须不断提高企业的市场竞争力。

1. 进一步提升机械制造自动化水平

提升机械制造自动化水平，既是提高劳动生产率和保证产品生产质量的内在要求，也是企业提高竞争力的必然途径。提升机械制造自动化水平，首先要提升单机自动化水平，这是机械制造系统自动化的基础。目前我国的农机制造企业已具备一定的自动化水平，有些企业已配备一定数目的专用自动机和加工中心，但仍有很多企业的制造设备是人工操纵的加工机床，企业的自动化程度还不高。因此在提升机械制造自动化水平的同时，还要提升企业生产组织的自动化程度。具体而言，就是要利用计算机辅助工艺规程设计（CAPP）和成组技术（GT），实现加工件的存放、运输、生产预备和各种辅助工作的自动化。

2. 讲求精益生产，加强生产柔性

精益生产最早出现在具有较强现代制造特点的汽车行业，并有力推动了汽车产业的发展。对农机产品来说，精益生产的目标是充分利用现有加工技术，提升农机产品的加工质量和加工效率，同时对农机产品的配送、物流等生产辅助工作进行改进，保证农机产品在生产和制造过程中实现即时供货和零库存管理。

生产柔性是指利用计算机技术来实现生产过程的可重组和及时调整。就整个制造系统而言，它包括计算机辅助设计（CAD）、计算机辅助工艺设计（CAPP）、计算机数控机床（CNC Machine Tool）、物流控制技术、生产计划与控制、柔性制造系统（FMS）等内容。生产柔性增强，企业就能实现产品制造的灵敏性，及时推出市场需求的产品。农机产品的市场需求固然不如生活用品那样富有个性，但由于总体趋向多元化，产品功能质量配置（QFD）要求也逐步提升，这就对制造企业的生产柔性提出了相应要求。目前我国农机生产企业的柔性化程度不足，原有模式只适用于单品种大批量生产的需求，很难满足多品种小批量生产的需要，企业在生产工艺改造时也存在较大的难度。

3. 采用先进的一体化集成治理模式

对制造型企业而言，先进的加工技术和加工工艺只有在先进的治理模式下才能完全发挥作用，而治理的核心就是利用现代治理技术和手段对包括原材料、在制品、终极成品及其相关信息的活动与储存进行设计、实施和控制。随着市场竞争的不断加强，很多制造型企业在加强技术改造和工艺革新的同时，对企业各个制造治理环节(包括产品开发和市场营销)也进行改革或再造，以求得效益最优和效率最高。在此背景下，物流和供给链治理应运而生，成为现代企业新的利润源泉，同时也成为企业提升竞争力的重要途径。

现代物流和供应链一体化集成式治理虽然在我国出现时间不长，但已经显示出强大的生命力。具体来说，即与产品有关的各个制造企业组成产品供给链，通过加强协作和降低成本和风险，提升整个供给链的效率，从而增强供给链和成员企业的竞争力。农机产品属于装配流程型产品，各零部件供应商和整机组装厂组成一条完整的供给链。因此加强集成式治理，通过对各零部件供应商进行有效的协调和治理，形成具有科学层次和结构的零部件配套系统，从而提升企业竞争力已成为农机制造企业的又一发展方向。

【农机行业中的翘楚】

人物事迹 1

陈学庚是新疆农垦科学院农机所原所长、研究员。他扎根边疆、深入基层，从事农机研究和推广工作，突破了地膜植棉机械化关键技术，攻克了滴灌技术大规模应用农机装备难题，研发了多项棉花生产机械化关键技术与机具，为促成新疆棉花产量两次飞跃提供了有力的农机装备支撑，为新疆棉花生产全程机械化技术研究和大面积推广应用作出了重大贡献。曾获国家科技进步奖一等奖 1 项，二等奖 1 项，省部级一等奖 5 项；获国家专利 32 项。1990 年获评农业部有突出贡献中青年专家，1991 年享受国务院政府特殊津贴，1996 年被评为人事部优秀中青年专家，2013 年当选中国工程院院士。

习近平总书记曾于 2014 年 4 月 29 日冒雨来到新疆生产建设兵团银丰现代农业装备股份有限公司考察。在听取陈学庚汇报时，听说只有中专学历的研制者陈学庚当选为中国工程院院士，总书记对陈学庚做出了高度评价：英雄不问出处，谁是英雄，要在战场上见分晓。

人物事迹 2

韩增德毕业于江苏工学院，工学学士，中国农业机械化科学研究院研究员。参加工作以来，一直从事收获机械的研究开发工作。研究开发了“4LB1.5 型半喂入水稻联合收割机”等多种四行半喂入水稻联合收割机、“六行半喂入水稻联合收割机”“4LK-90 型水稻割捆机”“4LB-90 型悬挂式半喂入水稻联合收割机”“4LB-120 型自走式半喂入水稻联合收割机”“4M5 型自走式采棉机”“6MDY-400 型液压打包机”“自走式苜蓿种子收获机”等，“4LB1.5 型半喂入水稻联合收割机”获“九五”国家重点科技攻关项目科技成果奖；

"半喂入联合收割机研制"获北京市科学技术进步奖三等奖;"4LG-1 型悬挂式小麦联合收割机"获河北省科技进步奖三等奖;"河南省浚县科技兴农综合开发奔小康实施方案"获机械部科技进步奖三等奖;"农业适度规模经营关键技术装备研制"获中国机械工业科技进步奖一等奖。1999 年享受国务院政府特殊津贴。2002 年受聘为中国农业机械化科学研究院水稻收获机械专业首席专家。2010 年入选国机集团高层次科技专家。2020 年被评为全国劳动模范。

第二章
走进农机制造装配企业

农机企业作为一般的市场主体，具有一般企业的共同特点，因行业特殊性又具有某些独特的企业特点。下面从企业文化和企业财务管理方面，带领大家走进农机企业，了解农机企业。

一、农机企业的企业文化

企业文化是在一定的条件下企业生产经营和管理活动中所创造的具有该企业特色的精神财富和物质形态，是企业的灵魂，是推动企业发展的不竭动力。它包括文化观念、价值观念、企业精神、道德规范、行为准则、历史传统、企业制度、文化环境、企业产品等，其核心是企业的精神和价值观，其特征具有独特性、继承性、相融性、人本性、整体性、创新性等。优秀的企业文化不仅对员工具有强大吸引力，对稳定人才和吸引人才也起着重要作用，对于合作伙伴如客户、供应商、消费者以及社会大众也具有很大的吸引力。

【案例】新疆机械研究院股份有限公司(新研股份)的企业文化

公司的奋斗目标：把公司建设成专业、杰出、竞争力强的大型装备制造企业。秉承“创新务实、品质至上、精诚合作、追求卓越”的核心价值观，不断研制新产品，以创新驱动发展助力前行，用自身的行动承担责任，服务社会。

愿景：做中高端农牧机械的领跑者

作为西北地区农机行业的领头羊，新研股份立足自身优势，努力进取，以高性能、高品质的产品赢得用户的信任与赞誉，旗下“牧神”系列农牧机械是“新疆名牌产品”。新研股份将致力于在经营管理、品牌与人才建设等方面处于行业前列。

使命：让农牧业生产更加轻松愉快

“科研立院、人才兴院、发展产业、服务农业”的宗旨鞭策员工不仅要把企业做大做强，更要以为我国农业的现代化及发展作出自己的贡献为己任。“牧神”必将不辱使命，耕耘神州，为我国农业现代化与农村经济发展作出更大贡献。

核心价值观：创新务实　品质至上　精诚合作　追求卓越

- 创新是我们的灵魂，务实的作风是我们成功的关键
- 始终坚持“不接受不良品、不制造不良品、不输出不良品”
- 积极合作，利用集体的力量，发挥最佳功能，达到预期的效果
- 坚信“事欲达，志先达”，敢为人先，追求行业顶尖水平

管理理念：关心员工成长，激励员工进取

为员工提供良好的工作环境和激励机制；完善员工培养体系和职业发展通道，使员工与企业同步成长；充分尊重和信任员工，不断引导和鼓励，使其获得成就的喜悦。以“团队合作奖励制度”保持研发技术人员的团队合作精神；通过“内部晋升及人才储备”保持公司的技术优势；实施“股权激励”保持研发技术人才队伍的稳定。

二、农机企业的财务管理

企业财务管理是企业管理的基础，也是企业内部管理的中枢，它渗透和贯穿于企业的经济活动之中。企业的资金筹集、使用和分配，一切涉及资金的业务活动都属于财务管理的范围，企业的生产、经营、进、销、调、存每一环节都离不开财务的反映和调控，企业的经济核算、财务监督，更是企业对经济活动的有效制约和检查。加强财务管理能够促进企业挖潜增效、控制费用、降低消耗；通过资金的筹集调度，合理运用资金，能够提高资金的使用效果，防止资金的浪费；通过对存货的管理可以优化库存结构，减少存货积压，做到经济库存；通过价格的拉动，可以增加企业的收入。

在财务管理工作中，与员工关系较为密切的一项是费用问题。费用是指公司为提供劳务等日常活动所发生的经济利益的流出。费用具有如下基本特征：费用最终会导致公司资源的减少，具体表现为公司的资金支出，或者表现为资产的消耗；费用最终会减少公司所有者的权益。因此费用的优化配置与合理控制是企业创造利润的重要来源，为减少费用而采取的一系列方法，最终要达到的目的就是企业利润的最大化。下面以新疆某农机股份有限公司财务制度为例，简单介绍农机企业关于费用的管理措施。

【案例】新疆某农机股份有限公司财务制度(节选)

根据董事会关于加强公司制度建设的指示要求，为了强化公司财务管理，促进各项财务工作更加规范化、制度化、科学化，做到有章可循、有章必循，依据国家相关财经法规并结合本公司的实际情况，制定本公司财务管理制度。

……

一、费用控制

(一)费用控制原则

1. 签字管理

公司的所有费用开支一律经董事会授权总经理审批签字,财务方可报销。

2. 专户管理

公司设立专门的费用账户对各项费用开支进行管理。公司所有的费用开支必须且只能从此专用账户支出。

(二)日常费用的控制

1. 费用账户的日常管理规定

(1)公司所有的费用开支必须且只能从费用结算户中支出。

(2)公司所开立的费用结算账户原则上必须使用基本账户(可以提取现金)。

(3)费用开支的备用金应按照费用预算根据日常开支需要随时在费用账户中提取,严禁将现金收入用于费用支出。

2. 费用账户资金的日常拨付规定

费用账户资金的拨付,实行"按月总额控制"的原则。每月初,出纳根据公司实际经营需要,将本月应支付款项拨付到费用账户中。

(三)费用的审批程序

1. 费用审批程序

经办人持原始凭证——经理审核签字——会计审核签字——出纳审核报销付款。

2. 费用报销的要求

公司支付、报销业务统一按资金预算、财务报销要求执行。

(1)费用开支类:第一张粘贴单采用"报销粘贴单",并在上面注明所有粘贴单的数量、金额等要素,其余的原始单据均用"票据粘贴单"粘贴即可,粘贴要求为从左到右层层整齐粘贴。

(2)出差报销:使用"差旅费报销单",注明出差事由、起始时间、地点、费用类型、金额。

(3)付款项类:使用"付款申请",财务付款依据为付款合同或协议,否则财务部有权拒绝办理付款。

(4)借款:使用"借款单",注明借款人、部门、事由、金额、支付方式等。

(5)费用会计要严格遵守费用报销制度,认真审核各种凭证,对不符合要求的凭证应拒绝予以报销,否则要承担责任。

(6)费用报销严禁分拆,属于同一项目、同一时间或同一性质的费用按照单笔费用报销。

(7)费用报销经手人适用从高原则。如招待费,在参加人员中,应由其中最高级别的人员填制费用报销单报销。

3. 票据规定

(1)凡到财务报销的原始凭证，内容必须真实、合法、完整、准确，不得涂改，不得弄虚作假。对不真实、不合法的原始凭证，财务人员不予接收，对记载不准确、不完整的原始凭证予以退回。

(2)凡属于公司报销的外来发票(原始凭证)，均需取得正式并填写完整的税务发票。如对方单位无法开具正规税务发票，必须取得收款收据并向财务部了解具体报销方式。发票上的日期、单位名称、实物数量、单位和金额、填制单位和经办人的签名或盖章等必须真实合法，填制无误。经办人取得发票时须辨明其真伪，如有付款单位项，须注明是本公司。如发票(或其他凭据)印章模糊，字迹不清或有涂改，数字不准确(大小写不符)，将不予办理。

4. 票据粘贴及领款要求

(1)票据粘贴要求：经办人应按要求使用支付、报销单据，将所持原始凭证粘贴于相应单据上，以上下右三边为界，要求粘贴平整、均匀、美观、结实，以便装订与保管。粘贴时，将胶水涂抹在原始票据背面的左边，将原始票据与粘贴单粘贴整齐；票据较多时，原始票据沿粘贴单据上沿自上而下、自右向左呈阶梯状粘贴。一般情况下，一张粘贴单粘贴原始票据不超过 20 张，票据较多一张粘贴单不够时，可分若干张粘贴单进行粘贴，粘贴时按票据类型进行分类粘贴。个别原始票据(如工程结算单、合同)较大且数量较多时，将原始票据按照粘贴单大小进行折叠。报销单上所填写数字不得涂改。填写内容均用碳素笔或钢笔书写，禁止用圆珠笔或铅笔。

(2)报销票据经审批完整无误后，出纳人员方能报销，付款后应加盖“银行付讫”或“现金付讫”章。

二、主要费用项目的管理

(一)差旅费

1. 出差种类

出差是指人员因公离开本人工作单位所在地去异地办理公务的行为过程，具体包括临时出差、长期出差等。

(1)临时出差：即由公司派往现工作地点以外(不含境外)地区公干，并且在外地连续工作时间不超过 1 个月。

(2)长期出差：即由公司派往现工作地点以外(不含境外)地区公干，并且在外地连续工作时间超过 1 个月、不满 3 个月。

2. 差旅费的相关规定

(1)出差人员在出差前必须填写出差计划表，详细填写出差任务描述及相关内容，经主管领导批准后方可出差。

(2)出差应本着节俭原则。如遇特殊情况需乘坐软卧、高级软座、飞机的,必须事先在出差计划书上注明,并经总经理或董事长批准。

(3)出差人员认真、如实填写报销单,各类单据分类粘贴整齐,附在费用单据后,根据报销程序报销。

(4)出差费用(除出差补贴外)必须凭出差时实际发生的发票报销。差旅费准予列支的项目如下:

①往返交通费:指往返交通工具的票费(汽车,轮船三等舱,飞机经济舱,火车硬卧、硬座,高铁/动车二等座,全列软席列车二等软座)、订票费、退票费、保险费、机场建设费、机场/火车站往返大巴或出租车费等。

②出差时间及补贴确认:

a. 乘火车/高铁、长途汽车出行,均以票面时间为计算依据,以出行当日14:00为界,14:00(含)以前出发,按1天计算补贴;14:00以后出发,按0.5天计算补贴;返回当天14:00(含)前到达,按0.5天计算补贴;14:00以后到达,按1天计算补贴。

b. 乘飞机出行,以行程单票面时间为计算依据,以出行当日14:00为界,14:00(含)以前出发,按1天计算补贴;14:00以后出发按0.5天计算补贴;返回时,14:00(含)以前到达,按0.5天计算补贴;14:00以后到达,按1天计算补贴。

c. 驾驶公司车辆出行,需选择合适的出行时间,不鼓励开夜车,以出行当日14:00为界,14:00(含)以前出发,按1天计算补贴;14:00以后出发,按0.5天计算补贴,确认出发时间以离开城市首张过路费发票时间为起始时间,以到达目的地城市末张过路费发票时间来确认到达时间。

③出差地划分:乌鲁木齐市区(含县)及周边、昌吉市区及周边、呼图壁县(含芳草湖)、玛纳斯县、五家渠市区及周边、吐鲁番市区周边、阜康市区及周边,乘坐公共交通工具的,只报销往返目的地城市的客运交通费。

④住宿费:根据批准的出差计划书规定的行程报销,出差期间平均每天的住宿费不能超出规定标准,超出部分请自理;出差结束后凭实际发生的发票报销。2人同时出差,且为同性,只允许住一间标准间,按1人标准执行本制度(副总经理及以上级别除外);若多人同时出差,人数为单数的,按(人数+1)/2标准执行本制度,人数为双数的按人数/2的标准执行本制度;由出差地客户或公司免费安排住宿的不得另行报销住宿费。

⑤出差补贴:出差补贴含市内交通费、伙食补贴。市内交通费是指出差期间,因业务需要在出差地城市发生的市内交通费。伙食补贴是指出差期间给予的用餐补贴费。出差补贴按标准执行,由财务根据出差天数计算。特别规定:乌鲁木齐市区(含县)及周边、昌吉市区及周边、呼图壁县(含芳草湖)、玛纳斯县、吐鲁番市区及周边、五家渠市区及周边、阜康市区及周边,这些县、市不算出差,没有出差补贴。因工作需要,必须在上述出差地住宿的,总经理批准后可报销住宿费及按差旅费补助标准报销差旅费。

⑥出差报销标准、地区分类、职务分类、住宿费、伙食补贴、出差补贴标准：如表1-1。

表1-1 出差报销标准、地区分类、职务分类、住宿费、伙食补贴、出差补贴标准

职位	住宿费标准	伙食补贴	市内交通费	备注
副总经理及以上	北京、上海、广州、深圳为500元/(间·天) 除北京、上海、广州、深圳外的城市380元/(间·天)	无	凭出差地城市所发生的市内交通费发票报销	如无法提供发票，则不予报销。超标准部分自理
部门经理或部门负责人	北京、上海、广州、深圳为350元/(间·天) 除北京、上海、广州、深圳外的城市280元/(间·天)	100元/(人·天)	凭出差地城市所发生的市内交通费发票报销	如无法提供发票，则不予报销。超标准部分自理
员工	北京、上海、广州、深圳为280元/(间·天) 除北京、上海、广州、深圳外的城市220元/(间·天)	100元/(人·天)	伙食补贴中含有市内交通费，不予以报销	超标准部分自理

(5)长期出差人员差旅费报销标准：

①如出差当地公司或厂家提供住宿地点，不予报销住宿费；出差超过1个月的，按照出差当地实际情况租房。

②如当地公司或者厂家提供伙食，不予报销伙食补贴，按照20元/天发放生活补贴。

(二)通信费

通信费补贴按不同级别标准在工资中按月发放，不需提供发票，不另行报销出差期间发生的通信费。

(三)交通费

因公事外出，以公共汽车为主，需要打出租车应事先报请主管领导批准。

(四)招待费

(1)业务招待费用定义：因工作需要对公司客户和协作伙伴的宴请、娱乐所花费的费用。

(2)发生业务招待费之前，按要求填写《业务招待费申请审批单》，详细填写内容，经总经理审批后，方可报销。

(3)业务招待费报销标准：外协单位人员(厂家或协助项目实施人员需我公司负责吃住的人员)按照工作餐标准35元/(人·餐)，商务宴请标准150元/(人·餐)。

(4)出差期间在外发生的个人餐费，已纳入了出差补助，不予额外报销。

三、农机企业对院校农业机械专业学生培养的建议

(1)以培养学生的专业能力、实操能力、社会能力为目标，根据企业岗位能力的要求设置课程和确定教学方法。

(2)在专业课程方面,开设机械图样识读、简单的机械加工方法、农业机械故障诊断与排除等课程。

(3)在专业技能方面,加强工件的测量与检验、农业机械的调整与检测、农业机械装配等实操训练。

(4)在工作态度方面,树立正确的就业观,培养相应的职业操守,如工作踏实、吃苦耐劳的作风等。

(5)以特色教材为核心,构建立体化教学资源平台,培养学生的自主学习能力。

第三章
了解岗位职责

岗位是企业为完成某项任务而确立的，由工种、职务、职称和等级等性质所组成。岗位职责则是某个岗位所需要完成的具体工作内容以及应当承担的责任范围。明确的岗位职责可以最大限度地实现劳动用工的科学配置；有效地防止因职务重叠而发生的工作拖沓现象；提高企业内部的竞争活力，以便更好地发现和使用人才；提高企业整体的工作效率和工作质量；规范不同员工的操作行为，减少违章行为和违章事故的发生。具体到农机企业的装配岗位，其岗位职责大致包括以下内容：

(1)严格按照钳工、装配工常用工具和设备安全操作规程进行操作。

(2)操作人员必须熟悉设备性能，经过操作技术培训，考试合格后，方能上岗操作。

(3)按照公司管理要求，将要装配的零部件有秩序地放在零件存放架或装配工位上。

(4)按照装配工艺文件要求安装零部件并进行测量。

(5)查看装配图纸，装配零部件；切勿蛮干，提倡巧干；杜绝漏装、错装。

(6)组件活动部位条件允许时需要加弹、平垫，或者螺纹胶。

(7)单个组件完成要单独调试，再整机装配。

(8)装配过程中发现标准件缺少时应及时提出备库。

(9)装配过程中设备走线平整、电缆不交叉。

(10)装配异常及时做好记录，视技能提出合理性的改善意见。

(11)设备组装完成后，负责整机调试，并确保设备达到出货标准。

(12)设备出货前做好设备的清洁、固定工作。

(13)项目结束后整理项目物料，标准件及零件分类处理。

(14)及时清理工作现场，确保生产现场整洁有序。

(15)生产过程要确保生产安全、注意节约。

(16)下班前检查设备的断电、断气情况。

第二部分

岗位学习

The second part
The second part
The second part
The second part

第一章 学徒岗位安全教育

第一节 安全文明生产

安全文明生产，是我们所有工作的前提，也是所有工作的基础，是日常工作的重中之重。我们要深刻认识安全文明生产的重要性，认真执行“安全第一，预防为主”的方针，严格遵守安全操作规程和各种安全生产规章制度。

为确保装配车间现场人员和作业符合要求，实现优质、高效、低耗、安全生产，装配车间所有管理员、装配工必须严格遵守安全文明生产管理制度，并通过定期检查与考核。

一、安全文明生产的基本要求

(1)严格按照“6S”管理要求执行相关规定。

①整理。效率和安全始于整理。把要与不要的人、事、物分开。对于生产现场不需要的杂物、脏物坚决从生产现场清除掉。

②整顿。

a. 物品定置。有物必有位，生产现场物品各有其位，分区存放，位置明确；有位必分类，生产现场物品按照工艺和检验状态，逐一分类；分类必标识，状态标识齐全、醒目、美观、规范。

b. 工件定置。根据生产流程，确定零部件存放区域，分类摆放整齐，部件绝对不能掉在地上，不能越区，不能混放，不能占用通道。

c. 工位器具定置。确定工位器具的存放位置和物流要求。

d. 工具箱定置。工具箱内各种物品要摆放整齐。

③清扫与清洁。车间场地必须保持清洁整齐，每天下班前必须清理场地，打扫卫生；装配工作台面及货架要随时清扫、保持清洁整齐，附近不得有杂物及灰尘。

④素养。必须养成良好的工作习惯，量具、工具用后要归位，不得随意摆放。装配钳工持证上岗，仪容整洁；工作有序，保持肃静，不得在工作时谈天说地，大声喧哗。

⑤安全。

a. 发现隐患要及时解决，做好记录，不能解决的要上报领导，同时采取控制措施。发生事故要立即组织抢救，保护现场，及时报告。遇到生产中的异常情况，应及时处理，出现紧急情况时，要先处理后报告，严禁违章指挥。

b. 工作期间不得在生产区域内出现明火或吸烟，不准穿拖鞋，不准赤膊、赤脚。

⑥节约。

(2)主管严格按照生产部门下达的《生产任务单》合理安排各项生产任务事宜，装配工必须无条件服从主管的生产安排和生产调动。

①装配工上岗前应进行培训，使其熟悉装配作业的技能、技巧，熟悉各零部件合格与不合格的正确区分。

②装配工应严格按照工艺规程、操作规程进行装配作业。装配时若发现零部件不合格，要及时向生产部门和质检员反映，否则出现批量质量事故将追究其责任。

③各项产品装配过程中所需原材料、人员、工装设备、监控测量装置等，必须妥善安排，避免停工待料。

④装配过程中，各工序产量、存量、进度、物料、人力等均应予以适当控制。

⑤各种工装设备及工具应定期检查、保养，确保遵守使用规定。

(3)非生产人员未经允许，不得进入生产场地。

(4)下班时必须切断电源、水源和火源。

二、保障安全文明生产的主要措施

装配工易发生的安全问题可以归纳为两大类：工人受伤和机器设备损坏。因此，保障安全文明生产的主要措施也分为两个方面。

1. 防止工人受伤的主要措施

(1)佩戴护目镜　在生产车间，工人必须要养成戴护目镜的良好习惯，选择佩戴舒适、随时都能摘带的眼镜。如图 1-1 所示。护目装备通常有平面防护眼镜、塑料遮尘镜、防护面罩等。

(2)佩戴降噪耳塞　机械加工车间的噪声大，过大的噪声会造成听力的永久性损伤，因此要养成佩戴降噪耳塞的习惯，如图 1-2 所示。

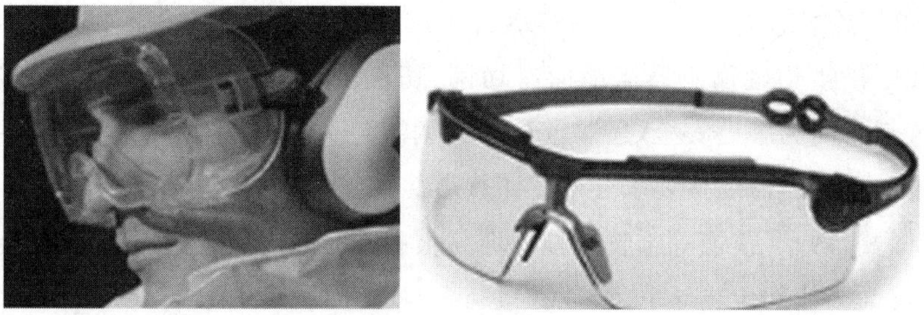

图 1-1　护目镜

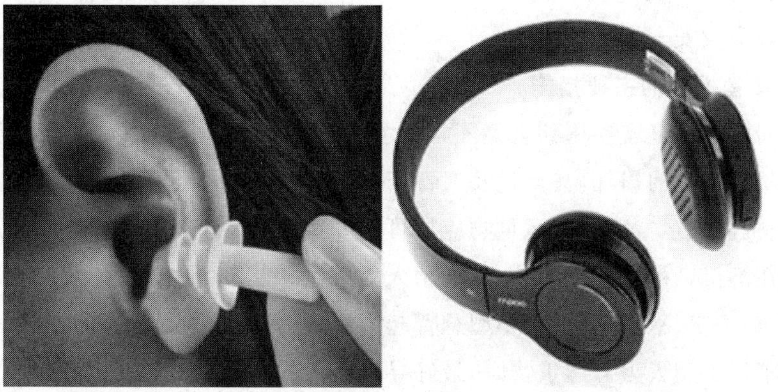

图 1-2　护耳设备

(3)穿好工作服　宽松的衣服在操作机床时会带来安全隐患,长袖、领带、敞开的衬衣容易被机械的运动部件缠绕。如图 1-3 所示。另外,由于切削金属材料时所产生的切屑温度很高,高温切屑黏附在涤纶、人造丝、尼龙等人造纤维上时会熔透衣裤、灼伤皮肤,而棉质的工作服能起到保护作用,高温切屑飞溅到这种工作服上会立即脱落。因此,在工作时必须穿合格的由天然纤维制作的工作服,而且不能有外露的口袋和丝巾。

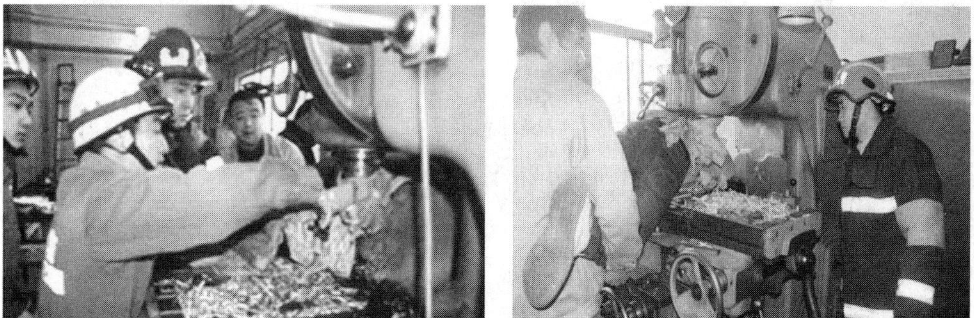

图 1-3　衣服过于宽松易被运动部件缠绕

(4)穿好工作鞋(防护鞋)　运动鞋尽管穿起来很舒服,但不适合工厂车间。穿好工作鞋能有效防止坠物砸伤脚。当地面有切削、切削液、润滑油时,工作鞋能够起防滑作用。一些大型车间为了更安全,还要求员工穿钢制包头鞋。此外,对防静电、绝缘等有要求的一些特殊场合还需要按要求穿电工工作鞋。

(5)不佩戴首饰　首饰等饰物或挂件容易被挂在运动着的机器上或粘在切屑上而引起危险,且首饰一般都传热导电,所以在进行机械加工时不要佩戴任何首饰。

(6)不留长发　长发缠绕机器引起的人身事故时常发生,因为机械加工时产生的气流或静电极容易将长发缠绕在旋转的机器上。所以,如果头发长度超过 50 mm,进入车间就必须戴帽子或安全帽。

2. 防止设备损坏的主要措施

工厂车间内的生产需要用到大量不同品种和规格的材料(物品),如果搬运不当,很可能造成材料或设备的损坏,甚至危及人身安全。

(1)使用机械搬运重物　搬运重物应尽可能使用机械设备来代替人力进行。通常一名技工只有在不得已的情况下,才会选择用人力解决搬运问题。车间常用的搬运设备有起重机、(液压)推车、平板千斤顶、小型悬臂起重机等,如图 1-4 所示。

个人在不得不用人力搬运重物时,最好寻求他人的帮助。

(2)人工抬搬重物时的安全操作规程

①采取膝盖弯曲后背挺直的蹲姿(图 1-5)。

②握紧工件(重物)。

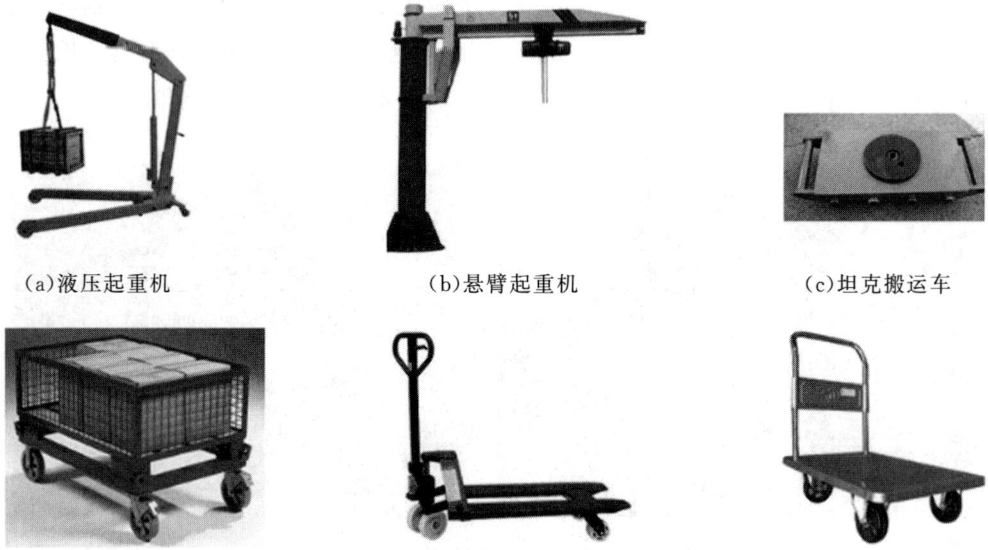

(a)液压起重机　(b)悬臂起重机　(c)坦克搬运车

(d)乌龟车　(e)手推液压搬运车　(f)小推车

图 1-4　常用的搬运设备

(a)错误的姿势

(b)正确的姿势

图 1-5　人工搬运重物的姿势

③举起工件(重物)时,伸直双腿并保持后背挺直,这个姿势利用的是腿部肌肉的力量,可防止背部受伤。

车间内物品质量超过 20 kg 或长度超过 2.4 m 时,人力搬运就存在危险,此时最好采用单人起重机非平衡的吊运方式操作,或两人利用吊带套住棒料中间并控制平衡起吊搬运操作。

第二节　设备保养

设备是学校(企业)的重要财产,为防止掠夺性使用设备,延长设备使用时间,学员必须学会设备保养。

设备保养是对设备在使用过程中或使用后的保全和养护,目的是使设备保持正常的工作状态。设备保养分为三级:日常保养、一级保养和二级保养。

(1)日常保养。日常保养是每日每班的保养,以操作工为主,包括认真检查,加注润滑油,使设备保持整齐、清洁、润滑良好和安全。保养过程中若发生故障要及时排除并认真做好交接班记录。

(2)一级保养。一级保养以维修工为主,操作工辅助,按计划对设备进行部分的拆卸、检查、清洗,疏通油路、管道等,调整设备部分精度,紧固各部位并做好记录。

(3)二级保养。二级保养以维修工为主,列入设备检修计划,对设备进行部分分解检查和修理,更换或修复磨损件,清洗、换油、检查修理电气部分,恢复设备精度,满足加工零件的最低要求,并做好详细记录。

实行三级保养时有“三好”“四会”的要求。

(1)“三好”。

①管好。自觉遵守定人定机制度,不乱动别人的设备,管好工具、附件,放置整齐。

②用好。设备不带故障运行,不超负荷使用,要根据每个设备的性能合理使用,遵守操作规程和设备维护保养制度,防止事故发生。

③修好。按计划检修时间停机检修,试车运行。

(2)“四会”。

①会使用。熟悉设备结构,掌握设备技术性能和操作方法,正确使用设备。

②会保养。正确按润滑要求加油、换油,清扫设备,按规定进行设备的三级保养工作。

③会检查。了解设备精度标准,会检查与精度有关的检验项目并能进行相应的调整,会检查安全防护和保险装置等。

④会排除故障。能根据不正常的声音、温度和运转情况判断出现异常状况的部位和原因,及时采取措施排除故障,分析故障原因、吸取教训并做出预防措施。

第二章
学徒岗位工作技术要求

第一节　工作场地的布局与作业环境要求

工作场地是开展装配工作的基本空间，包括设备安置空间和人员活动空间。

工作场地内设备、设施的摆放及相互之间的距离，设备、设施与墙、柱的距离，操作者的活动空间，高处的输运线及防护罩、网等都与安全生产有重大关系。因此，学员必须对工作场地的布局与作业环境要求有基本的了解。

一、基础知识

1. 装配钳工工作场地的要求

装配钳工的工作场地是供一人或多人进行钳工操作的地点。装配钳工的工作场地布局直接影响产品装配质量和效率，一般需要根据产品的实际装配工序和流程布局。对装配钳工工作场地的要求有以下几个方面：

(1)主要设备的布局应合理。钳工工作台应放在光线适宜、工作方便的地方。面对面使用钳工工作台时，应在两个工作台中间设置安全网。砂轮机和钻床应设置在场地边缘，以保证安全。

(2)正确摆放毛坯和工件。毛坯和工件要分别摆放整齐、平稳，并尽量放在工件搁架上，以免磕碰。

(3)合理摆放工具、夹具和量具。常用工具、夹具和量具应放在工作位置附近，便于随时取用，不应任意堆放，以免损坏。工具、夹具和量具用后应及时清理、维护和保养，并且妥善放置。

(4)工作场地应保持清洁。工作完毕后要对设备进行清理、润滑、保养,并及时清扫场地。

2. 钳工装配的组织形式

按照装配过程中装配对象是否移动,钳工装配的组织形式可分为固定式装配和移动式装配两类。装配类型不同,相应的场地布局要求也有差异。

(1)固定式装配。在一个工作位置上完成全部装配工序,往往由一组装配钳工完成全部装配作业,手工操作比例大,要求装配钳工的水平高,技术全面。固定式装配生产效率较低,装配周期较长,大多用于单件、中小批生产的产品以及大型机械的装配。如图2-1所示。

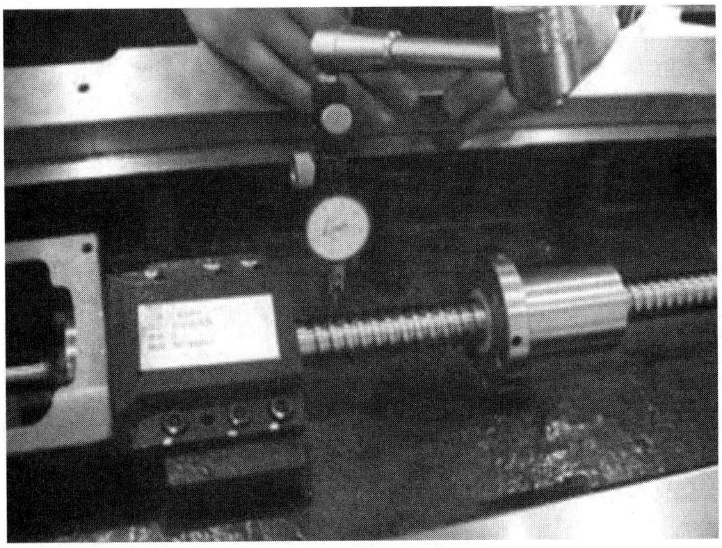

图 2-1 固定式装配

(2)移动式装配。把装配工作划分成许多工序,产品的基准件用传送装置支撑,依次移动到一系列装配工位上,由各工序的装配工分别在各工位上完成。按照传送装置移动节奏形式的不同,又可分为自由节奏装配和强制节奏装配。前者在各个装配工位上工作的时间不均衡,所以各工位生产节奏不一致,工位间应有一定数量的半成品贮存以利调节;后者的装配工序划分较细,各装配工位上的工作时间一致,能进行均衡生产。移动式装配生产效率高,适用于大批量生产的机械产品。如图 2-2 所示。

职业院校和培训机构在进行装配钳工培养训练时,通常将场地划分成基础训练区(图 2-3)和综合训练区。在基础训练区安放的钳工常用设备有钳工工作台、台虎钳、小型砂轮机、台式钻床等。在综合训练区配有装配用平板、相应的工具和辅具等。

图 2-2 移动式装配

图 2-3 基础训练区

3. 作业环境要求

为保证机械产品的装配质量，有时要求装配场所具备一定的环境条件。如装配高精度轴承或高精度机床（如三坐标测量机等）的环境温度必须保持在（20±1）℃且恒温；对于装配精度要求稍低的产品，装配环境温度要求可相应降低，如按季节变化规定为夏季（23±1）℃，冬季（17±1）℃，既可保证装配精度，又可节约能源。装配环境湿度一般要求为 45%～65%。有些精密产品的装配对空气净化程度有特殊要求，如精密主轴的装配，要求每升空气中含大于 0.5 μm 尘埃的平均数不得多于 3 个。

装配场所的采光应满足装配中识别最小尺寸的需要，通常大车间采用 150 W 或 400 W 的金卤灯，其他可采用节能型荧光灯。装配场所应按照不同情况采取防振、防噪声和电磁屏蔽等特殊措施。装配重型或大型零部件时，为了精确吊装就位，应配备超慢速的起重设备。

二、实操训练

装配钳工工作场地是装配钳工生产或实习的场所，通过实操训练熟悉装配钳工工作场地，了解场地内的主要设施、设备，理解钳工安全文明生产基本要求，是每个钳工入门学习的必修课。

【主要任务】熟悉工作现场及了解相关要求。

【实操内容】

任务一　参观钳工实训车间

参观钳工生产车间，认识主要钳工设备，如台虎钳、钳台、砂轮机、台钻等，如图 2-4 所示。

台虎钳

钳台

砂轮机

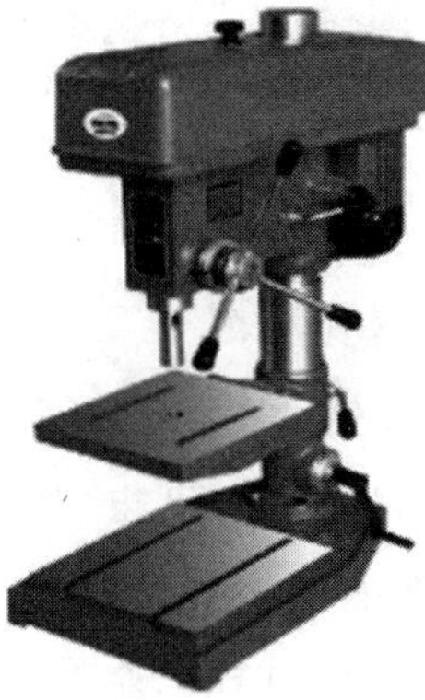

台钻

图 2-4　主要钳工设备

任务二　检查钳工工位高度

检查各自钳工工位高度是否合适。检查的方法是：人在台虎钳前站立，握拳、弯曲手臂，使拳头轻抵下颚，手肘下端应刚好在钳口上面（图 2-5），否则需要调整钳台高度或在地面垫脚踏板。

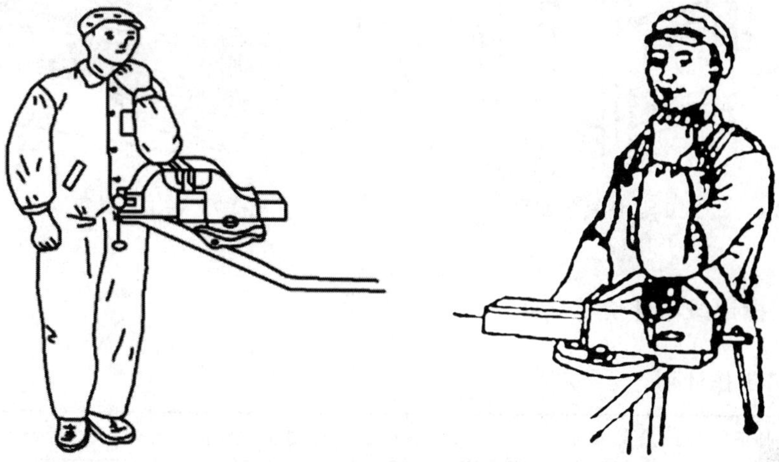

图 2-5　钳工工位高度

任务三　学习钳工安全文明生产要求

逐条学习钳工安全文明生产基本要求，对照场地、设备进行检查。按照安全文明生产要求在钳台上摆放工具、量具等物品。

钳工除了在生产实践中严格按 JB/T 9168.13—1998《切削加工通用工艺守则　钳工》执行外，还应注意钳工安全文明生产基本要求：

（1）工作前按要求穿戴好防护用品（如穿工作服、戴工作帽）。

（2）不准擅自使用不熟悉的机床、工具和量具，严禁戴手套操作机床。

（3）使用电动工具时要有绝缘防护和安全接地措施；使用砂轮机时要戴好防护眼镜。

（4）用刷子清理切屑时，不要用棉纱擦或用嘴吹，更不允许用手直接清除切屑。

（5）工具、量具要排列整齐、安放平稳、保证安全、便于取放，如图 2-6 所示。在钳台上工作时，为了取用方便，右手取用的工具、量具放在右边，左手取用的工具、量具放在左边，严禁乱堆乱放。

（6）量具不能与工具或工件混放在一起，应放在量具盒内或专用搁架上。

（7）工具、量具用完后要清理干净，整齐地放入工具箱内，如图 2-7 所示。不应任意堆放，以防损坏和取用不便。

图 2-6 钳工工具、量具的布置

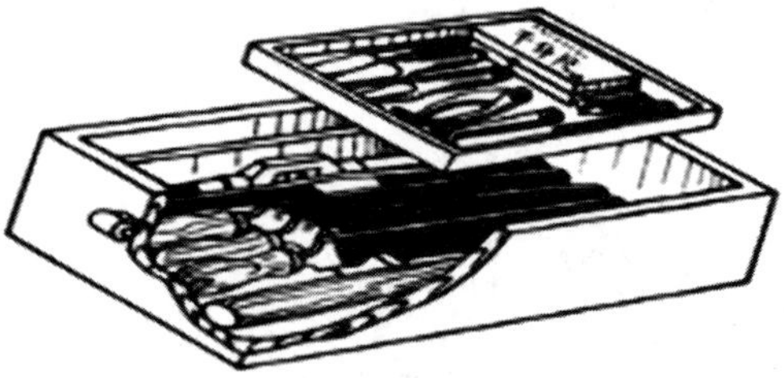

图 2-7 钳工工具箱

三、实操记录与评价

1. 制订工作计划

师傅指导记录	制订工作计划质量评价	评价成绩
		年 月 日

2. 学徒关键职业能力及职业品质、工匠精神评价

项目	等级			
	A	B	C	D
工作态度				
吃苦耐劳				
团队协作				
沟通交流				
学习钻研				
认真负责				
诚实守信				

3. 学徒对工作过程的思考

第二节　工作台与常用夹具的操作

钳工在工作中常用到钳工工作台以及一些夹具。

钳工工作台是钳工常用设备之一，通常是基本技能训练和小型部件装配的地方，也适用于各种检验工作，可作为精密测量用的基准平面，用于机床机械测量基准、检查零件的尺寸精度或形位偏差、并作精密画线等。在机械制造中钳工工作台也是不可缺少的基本工具。

一、基础知识

1. 钳工工作台

钳工工作台简称钳台或钳桌，常用硬质木材或钢材制成，要求坚实、平稳。台面高度为800～900 mm，台面安装台虎钳和防护网或工、量具架，如图 2-8 所示。

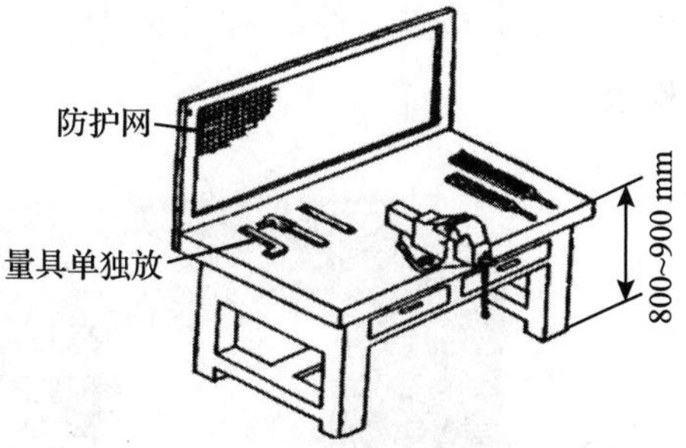

图 2-8　钳工工作台

2. 台虎钳

台虎钳是夹持工件的主要工具，有固定式台虎钳和回转式台虎钳两种。台虎钳规格用钳口的宽度表示，常用的为 100 mm、125 mm、150 mm。图 2-9 所示为固定式台虎钳，图 2-10 所示为回转式台虎钳。台虎钳的主体由铸铁制成，分固定钳身和活动钳身两个部分。转动手柄，可依靠丝杠与固定钳身的螺母组成的螺旋副带动活动钳身靠近或离开固定钳身，实现对工件的夹紧或放松。转盘座用螺栓紧固在钳台上。回转式台虎钳，松开锁止螺钉，可实现钳身的回转。

在钳台上安装台虎钳时，应使固定钳身的钳口露出钳台边缘，以利于夹持长的工件。转盘座应该用螺栓紧固在钳台上。

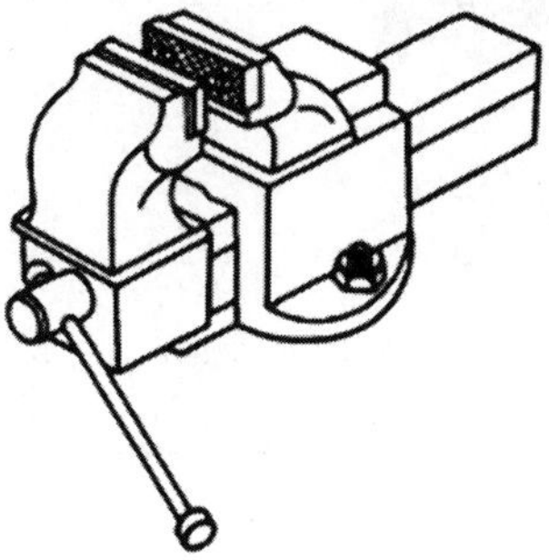

图 2-9　固定式台虎钳

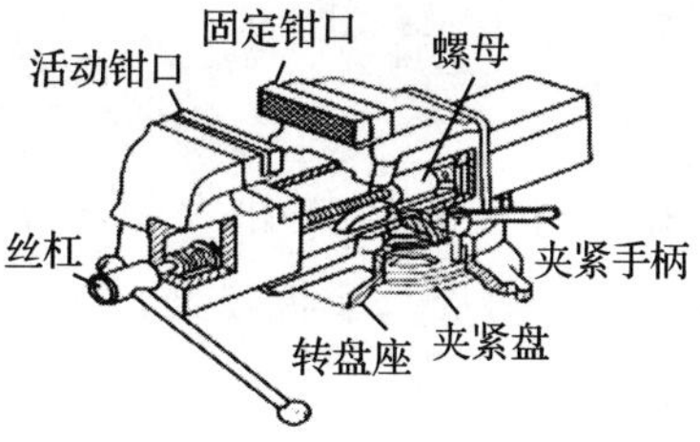

图 2-10　回转式台虎钳

3. 方箱

方箱是用铸铁制造的空心立方体或长方体，用于画线或作为测量的工具(图 2-11)。方箱是按 JB/T 3411.56—1999《方箱尺寸》标准制造的，材料为 HT200，用于零部件平行度、垂直度的检验和画线。万能方箱用于检验或画精密工件的任意角度线，精度分为 1、2、3 三个等级。

4. 弯板

弯板主要用于零部件的检测和机械加工中的装夹(图 2-12)。弯板还可用于检验工件的 90°角，维修设备时检验零部件相关表面的相互垂直度，还常用于钳工画线，并能在铸铁平板上检查工件的垂直度，适用于高精度机械和仪器检验以及机床之间垂直度的检查。

图 2-11　方箱

图 2-12　弯板

5. 平板

平板是检验机械零件平面度、平行度、直线度等几何公差的测量基准，也可用于一般零件及精密零件的画线、铆焊研磨、测量、装配等，如图 2-13 所示。

图 2-13　平板

平板的材质目前有铸铁和大理石等。铸铁平板的精度稳定，耐磨性好。大理石平板多用于精密测量。平板安装应调至水平，负荷均布于各支点上，使用时应避免振动。

二、实操训练

【实操内容】

任务一　学习台虎钳的使用

(1)台虎钳使用前要根据工件的加工要求调整好在钳台上的位置。

(2)台虎钳使用时要根据工件的加工要求尽量装夹在钳口的中间位置,锯削时工件装夹在钳口左侧位置,以便于加工。

(3)粗加工时工件在钳口的位置尽量装夹得低些,避免加工时出现振动和较大的噪声。

任务二　学习台虎钳的安全操作要求

(1)工作时,夹紧工件要松紧恰当,只能用手扳紧手柄,不得借助其他工具进行加力。

(2)进行强力作业时,应尽可能使作用力朝向固定钳身。

(3)不允许在活动钳身和光滑平面上进行敲击作业。

(4)对丝杠、螺母等活动表面应经常清洗、上润滑油,以防生锈。

任务三　学习台虎钳的拆装

(1)了解台虎钳的结构和工作原理,如图 2-14 所示。

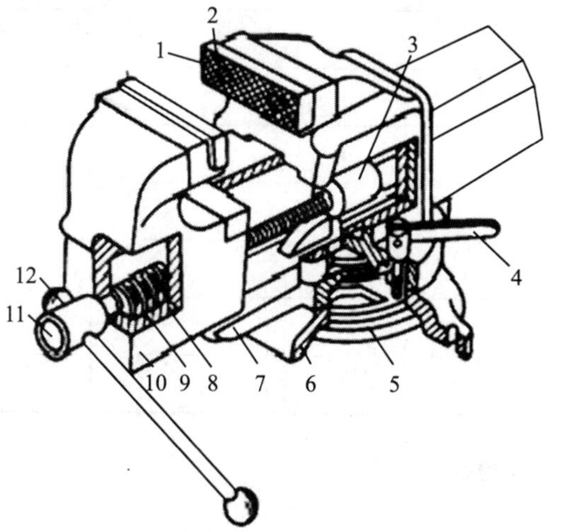

1—钳口　2—螺钉　3—螺母　4、12—手柄　5—夹紧盘　6—转盘座
7—固定钳身　8—挡圈　9—弹簧　10—活动钳身　11—丝杠

图 2-14　台虎钳结构图

(2)确定拆解顺序。

(3)把拆下的各工件清洗干净并进行防锈处理,对丝杠、螺母等表面进行润滑。

(4)按正确顺序装好台虎钳。

拆装工艺如下：

(1)拆卸台虎钳的顺序：①活动钳身；②开口销；③挡圈；④弹簧；⑤丝杠；⑥手柄；⑦螺母；⑧钳口。

(2)装配台虎钳的顺序：①钳口；②螺母；③手柄；④丝杠；⑤弹簧；⑥挡圈；⑦开口销；⑧活动钳身。

三、实操记录与评价

1. 制订工作计划

师傅指导记录	制订工作计划质量评价	评价成绩
		年 月 日

2. 学徒关键职业能力及职业品质、工匠精神评价

项目	等级			
	A	B	C	D
工作态度				
吃苦耐劳				
团队协作				
沟通交流				
学习钻研				
认真负责				
诚实守信				

3. 学徒对工作过程的思考

____

____

____

____

____

第三节　常用钻床与电动设备的使用

钻床、砂轮机、手持电动工具、气动扳手等是装配钳工常用设备,用于完成装配过程中所需的钻孔加工、刃磨等工作。

一、基础知识

1. 钻床

钻床是指主要用钻头在工件上加工孔的机床。通常钻头旋转为主运动,钻头轴向移动为进给运动。钻床的结构简单,加工精度相对较低,可钻通孔、不通孔,更换特殊刀具,可进行扩孔、锪孔、铰孔或攻螺纹等加工。钻床根据其结构和适用范围的不同,可分为摇臂钻床、立式钻床(简称立钻)和台式钻床(简称台钻)三种,如图 2-15 所示。下面重点介绍钳工常用的台式钻床。

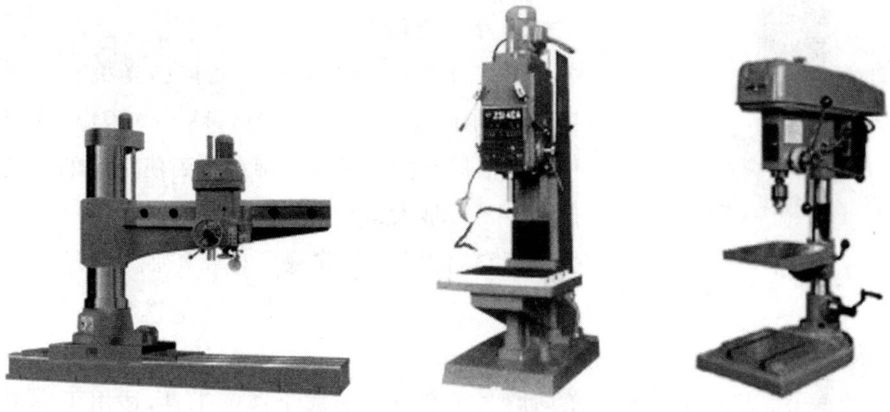

图 2-15　摇臂钻床、立式钻床和台式钻床(由左至右)

台式钻床是一种可放在钳工工作台上使用的小型钻床,占用场地少,使用方便。其最大钻孔直径为 12～15 mm,常用来加工小型工件的小孔等。Z4012 型台式钻床是钳工常用的一种钻床,电动机的旋转动力分别由装在电动机、主轴上的两个塔轮和 V 带传给主轴(在防护罩内),再由主轴带动装在装夹头上的钻头旋转。通过转动工作台升降手柄可使工作台在立柱上上下移动,也可使其绕立柱轴心转动到任意位置。调整到位后可用工作台锁紧手柄锁紧;保险环用以防止床身的意外下滑。

台式钻床主轴的进给运动(即钻头向下的直线运动)只能用进给手柄手动控制,而且一般都有带标示和控制钻孔深度的装置,如刻度盘或标尺等,钻孔后主轴在弹簧的作用下能自动复位。

用台式钻床加工较小的工件时可放在工作台上钻孔；若加工较大的工件，应把工作台转开，直接放在底座上钻孔，可用机用平口钳或压板等装夹。

2. 砂轮机

砂轮机是用来刃磨各种刀具、工具的常用设备，主要用来刃磨錾子、钻头和刮刀等刀具或其他工具，也可用来磨去工件或材料的飞翅、锐边等。砂轮机也是较容易发生安全事故的设备，其质脆易碎、转速高、使用频繁，如使用不当，容易发生砂轮碎裂而造成人身事故。此外，砂轮机托架的安装位置是否合理及是否符合安全要求、砂轮机的使用方法是否正确及符合安全操作规程，都直接关系到每一位操作工人的人身安全。因此，使用砂轮机要严格按照操作规程进行，以防止出现安全事故。

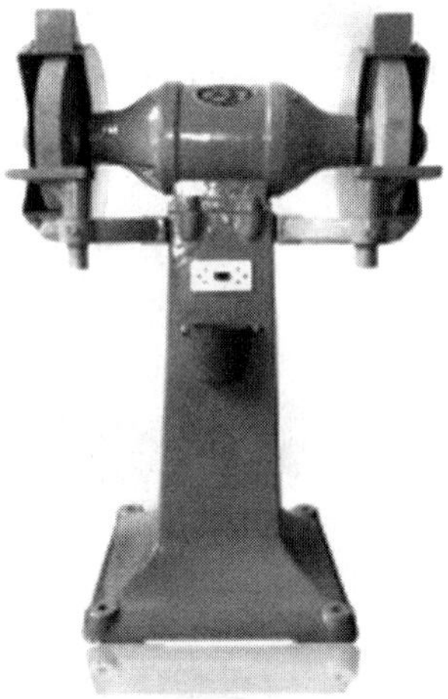

图 2-16　台式砂轮机

砂轮机按外形不同可分为立式砂轮机和台式砂轮机两种，按功能不同可分为带除尘器砂轮机和不带除尘器砂轮机两种。台式砂轮机如图 2-16 所示。

砂轮机主要由基座、砂轮、电动机（或其他动力源）、托架、防护罩和给水器等组成。

3. 手持电动工具

手持电动工具包括电钻、角向磨光机和电磨头等。手持电动工具以结构简单、重量轻、体积小、携带方便、使用灵活以及操作容易等特点受到使用者的喜爱，在生产和生活中被大量使用。正确使用典型手持电动工具并掌握它们的安全操作规程非常重要。

（1）电钻。电钻的规格是以最大钻孔直径来表示的。采用单相 220 V 电压的电钻规格有 6 mm、10 mm、13 mm、19 mm 四种。

（2）角向磨光机和电磨头。角向磨光机和电磨头属于磨削工具，适用于在工具、夹具、模具的装配调整中对各种形状复杂的工件进行修磨或抛光。

4. 气动扳手

气动扳手也称棘轮扳手，是一种以最小的消耗提供高扭矩输出的工具。它通过持续的动力源让具有一定质量的物体加速旋转，然后瞬间撞向输出力轴，从而可以获得比较大的力矩输出。压缩空气是气动扳手最常见的动力源，也有使用电动或液压装置的。

气动扳手被广泛应用在许多行业，如汽车修理、重型设备维修、产品装配（通脉冲工具和专为精确的转矩输出）、安装钢丝螺套，以及其他任何需要高扭矩输出的地方。

气动扳手一般分为两类，一类是常规性的，也就是普通的冲击扳手，另一类是脉冲气动扳手。两者的区别是，前者不能固定扭矩，而后者可以，气动扭矩扳手就属于后者。

二、实操训练

【实操内容】

任务一　学习砂轮的检查

砂轮在使用前必须目测检查和敲击检查有无破裂和损伤。

(1)目测检查。所有砂轮必须目测检查,其上如有破损则不准使用。

(2)敲击检查。检查方法是将砂轮通过中心孔悬挂,用小木锤敲击,敲击点在砂轮任一侧面上,距砂轮外圆面 20～50 mm 处。敲打后将砂轮旋转 45°再重复进行一次。若砂轮无裂纹则发出清脆的声音,允许使用;若发出闷声或哑声则为有裂纹,不准使用。

任务二　学习砂轮的安装

(1)安装砂轮前必须核对砂轮机主轴的转速,不准超过砂轮允许的最高工作速度。

(2)砂轮必须平稳地装到砂轮主轴或砂轮卡盘上,并保持适当的间隙。

(3)为防止装砂轮的螺母在砂轮机起动和旋转过程中惯性松脱,使砂轮飞出造成事故,砂轮机的主轴左右两端螺纹各有不同,在使用者右侧的为右旋螺纹,左侧的为左旋螺纹。在更换砂轮时应注意螺母的旋转方向。

(4)砂轮与砂轮卡盘压紧面之间必须衬以纸板、橡胶等柔性材料软垫,其厚度为 1～2 mm,直径比压紧面直径大 2 mm。

(5)砂轮、砂轮机主轴、衬垫和砂轮卡盘安装时,相互配合面和压紧面应保持清洁,无任何附着物。

(6)安装时应注意压紧螺母或螺钉,压紧到足以带动砂轮并且不产生滑动的程度为宜,防止压力过大造成砂轮的破损。有条件时应采用测力扳手。

(7)安装完毕后应试转 3 min 以上,砂轮机振动、砂轮跳动和偏摇程度不大方可使用。

任务三　学习砂轮机的安全操作规程

在使用砂轮机时,必须严格按照安全操作规程进行,防止砂轮碎裂等安全事故发生。

(1)开动砂轮机前应先认真检查砂轮片与防护罩之间有无杂物、砂轮片是否有撞击痕迹或破损。确认无任何问题时再起动砂轮机,观察砂轮的旋转方向是否正确,砂轮的旋转是否平稳,有无异常现象。待砂轮正常运转后,再进行磨削。

(2)时常检查托架是否完好和牢固,调整托架与砂轮之间的距离,控制在 3 mm 之内,并小于被磨工件最小外形尺寸的 1/2,距离过大则可能造成磨削件轧入砂轮与托架之间而发生事故。

(3)磨削时操作者的站立位置和姿势必须规范。操作者应站在砂轮侧面或斜侧面位置,以防砂轮碎裂飞出伤人。严禁人员面对砂轮操作,避免用砂轮侧面进行刃磨。

(4)忌在砂轮机上磨铝、铜等非铁金属和木料。当砂轮磨损超过极限时(砂轮外径大约比心轴直径大 50 mm)就应更换新砂轮。

(5)使用时,手切忌碰到砂轮片,以免磨伤手。不能将工件或刀具与砂轮猛撞或施加过大的压力,以防砂轮碎裂。如发现砂轮表面跳动严重时,应及时用砂轮修整器进行修整。

(6)磨削长度小于 50 mm 的较小工件时,应用手虎钳或其他工具牢固夹住,不得用手直接握持工件,防止工件脱落在防护罩内卡破砂轮。

(7)操作时必须戴防护眼镜,防止火花溅入眼睛。不允许戴手套操作,避免手套被卷入发生危险。不允许二人同时使用同一片砂轮,严禁围堆操作。

(8)砂轮机在使用时,其声音应始终正常,如发出尖啸声、嗡嗡声或其他噪声时,应立即停止使用,关掉开关,切断电源,并通知专业人员检查修理,无异常后方可继续使用。

(9)合理选择砂轮。刃磨工具、钢刀具和清理工件飞翅时,应使用白色氧化铝砂轮;刃磨硬质合金刀具则应使用绿色碳化硅砂轮。磨削淬火钢时应及时蘸水冷却、防止烧焦退火;磨削硬质合金时不可蘸水冷却,防止硬质合金碎裂。

(10)使用完毕后,立即切断电源,清理现场,养成良好的工作习惯。

三、实操记录与评价

1. 制订工作计划

师傅指导记录	制订工作计划质量评价	评价成绩
		年 月 日

2. 学徒关键职业能力及职业品质、工匠精神评价

项目	等级			
	A	B	C	D
工作态度				
吃苦耐劳				
团队协作				
沟通交流				
学习钻研				
认真负责				
诚实守信				

3. 学徒对工作过程的思考

第四节　装配钳工常用工具的选用

装配钳工选用常用工具是机械装配中的一道重要工序，包括常用加工工具和常用装配工具的选用。能否正确合理选择常用工具，能否按照常用工具安全技术要求进行操作，直接影响装配效率和装配质量。常用工具种类很多，一名合格的装配钳工，应学会正确选择常用工具，并在加工、拆装及测量中合理使用。

一、基础知识

1. 常用加工工具

装配钳工常用加工工具很多，主要是在装配前对零件进行一些加工、修复或去飞边的工作时使用。

(1)划线工具。钳工常用划线工具主要有划线平板、万能分度头、划针盘、高度游标卡尺、直角尺、游标万能角度尺、钢直尺、划针、划规、样冲、锤子、“V”形铁、方箱、千斤顶等。

①划线平板。是划线加工中的主要基准工具，如图 2-17 所示，在划线中用作基准面，用来安放工件和划线工具，并在工作面上完成划线过程。

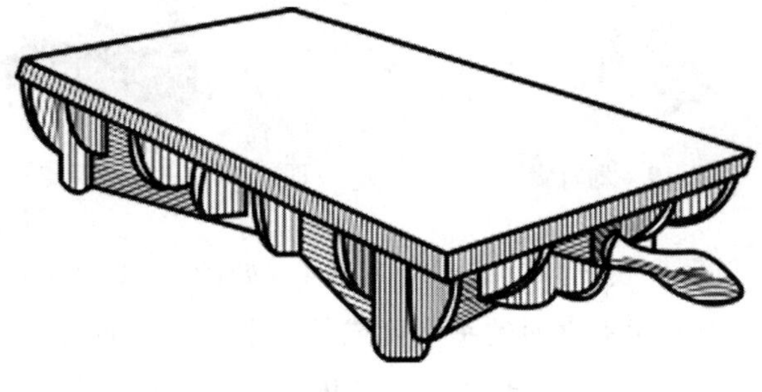

图 2-17　划线平板

②万能分度头。是铣床加工时等分工件圆周的机床附件，如图 2-18 所示，钳工使用时主要是用来对小型轴类、圆盘类工件进行等分圆周以划出各种角度线及找出圆心。

图 2-18　万能分度头

③划针盘。主要用于毛坯件的立体划线和找正工件位置，如图 2-19 所示，尺寸从钢直尺上读取，划线精度很低。

④高度游标卡尺。主要用于机械加工中测量工件的高度尺寸、形状和位置公差，如图 2-20 所示，有时也用于精密划线。

图 2-19　划针盘

图 2-20　高度游标卡尺

⑤直角尺。作为划垂直线或平行线的导向工具，如图 2-21 所示，用于找正工件在划线平板上的垂直位置，检查两垂直面的垂直度或单个平面的平面度。

⑥游标万能角度尺（Ⅰ型）。是利用游标读数原理来直接测量工件的角度或进行划线的一种角度量具，如图 2-22 所示。

图 2-21　直角尺

图 2-22　游标万能角度尺

⑦钢直尺。是一种简单的测量工具和划直线的导向工具，如图 2-23 所示。

⑧划针。是用来在工件表面划线的工具，如图 2-24 所示，常与钢直尺、直角尺或划线样板等导向工具一起使用。

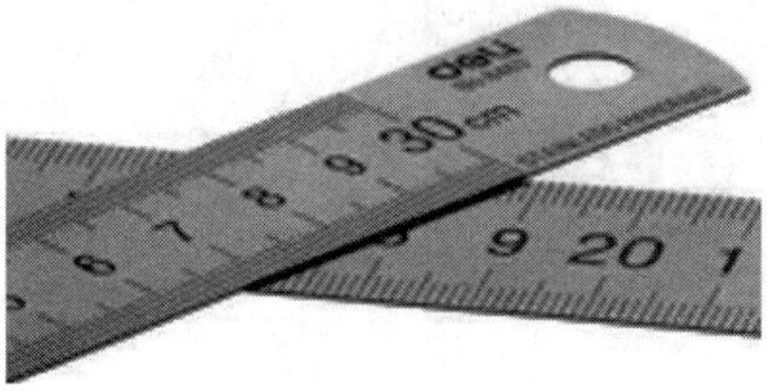

图 2-23　钢直尺

图 2-24　划针

⑨划规。是用来划圆和圆弧线、等分线段、等分角度、量取尺寸的工具，如图 2-25 所示。

⑩样冲。是划线后用于打样冲眼的工具，划好的线段和钻孔中心都需要打样冲眼，以防加工中被擦去所划线条，如图 2-26 所示。

图 2-25　划规

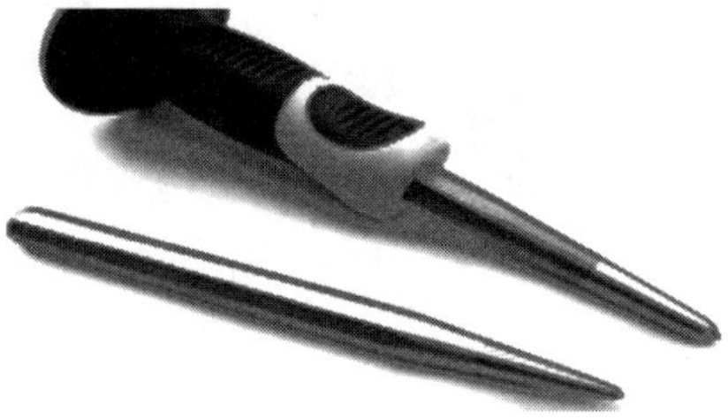

图 2-26　样冲

⑪“V”形铁。是一种“V”字形用于轴类工件划线时做定位和支承的辅助工具，如图 2-27 所示，主要用来支承工件的圆柱面，使圆柱的轴线平行于划线平板工作面，便于划线工具的找正或划线。

⑫方箱。是机械制造中零部件检测划线等的基础设备，用于夹持、支撑尺寸较小而加工表面较多的工件。

⑬千斤顶。是用来支持毛坯或不规则工件进行划线的工具，如图 2-28 所示，它可较方便地调整工件各处的高度，以便确定工件划线的基准，划线时一般为三个一组。

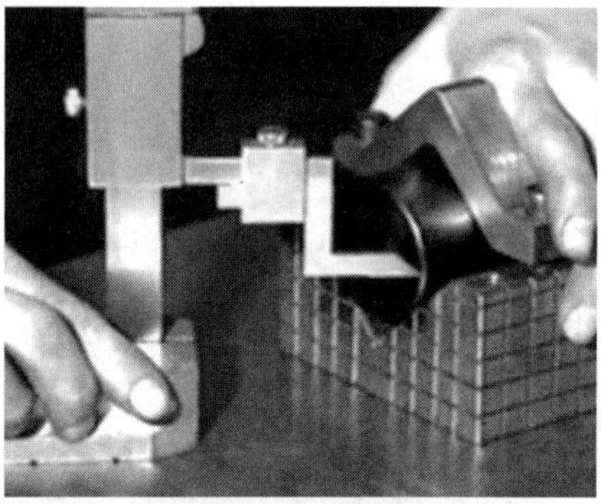

图 2-27　“V”形铁

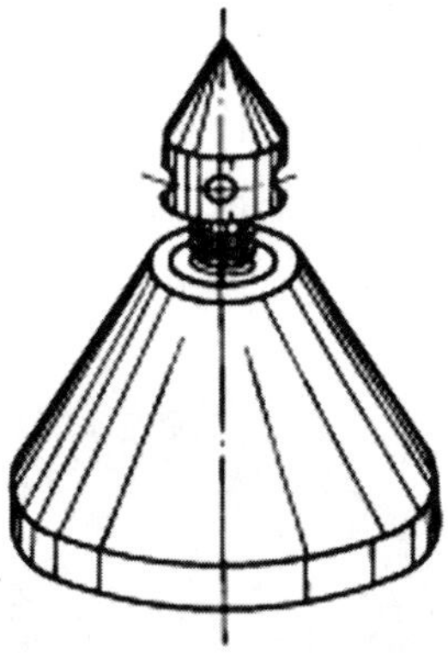

图 2-28　方箱

(2)錾削工具。钳工常用錾削工具就是锤子(图 2-29)和錾子(图 2-30)，錾子主要有扁錾、尖錾和油槽錾三种。

(3)锯削工具。钳工常用锯削工具就是弓锯，由锯弓和锯条组成，如图 2-31 所示。

图 2-29　锤子

图 2-30　錾子

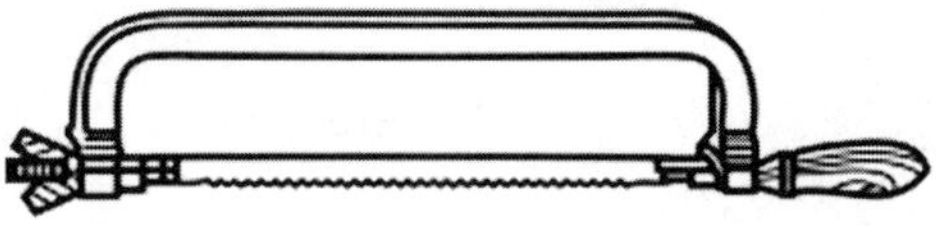

(a)固定式

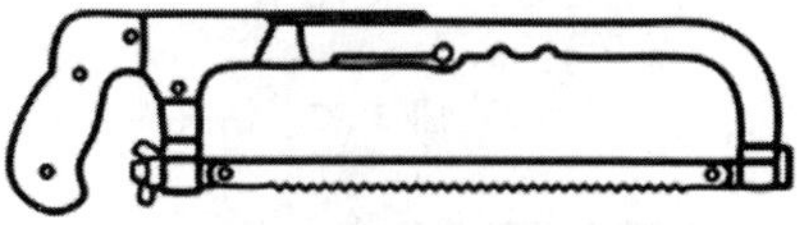

(b)可调节式

图 2-31　弓锯

(4)挫削工具。钳工常用挫削工具主要有锉刀(图 2-32)、异形锉(图 2-33)和整形锉(图 2-34)三类。

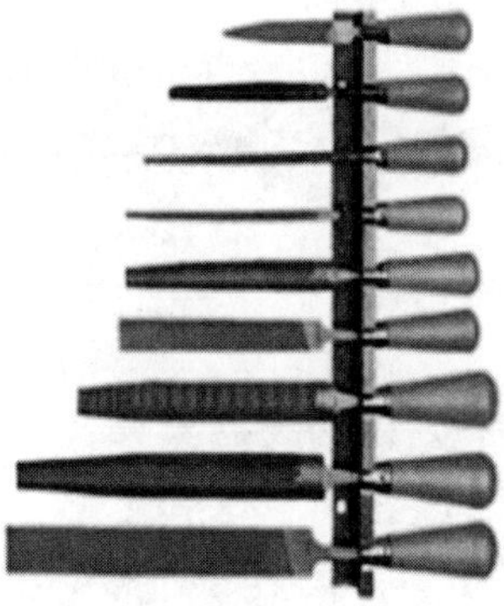

图 2-32　锉刀

图 2-33　异形锉

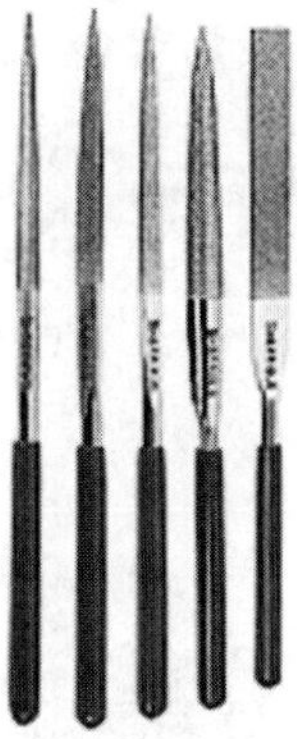

图 2-34　整形锉

(5)孔加工刀具、夹具。孔加工刀具、夹具主要有直柄标准麻花钻(图 2-35),锥柄标准麻花钻(图 2-36),钻夹头(图 2-37),钻套(图 2-38),加工螺纹的丝锥(图 2-39)、圆板牙(图 2-40)、铰杠(图 2-41),板牙架(图 2-42),平口钳(图 2-43),压板(图 2-44),以及专用夹具(图 2-45)等。

图 2-35　直柄标准麻花钻

图 2-36　锥柄标准麻花钻

图 2-37　钻夹头

图 2-38　钻套

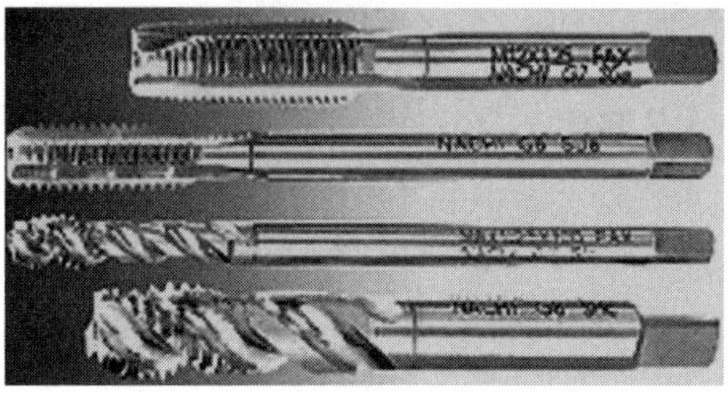

图 2-39　丝锥

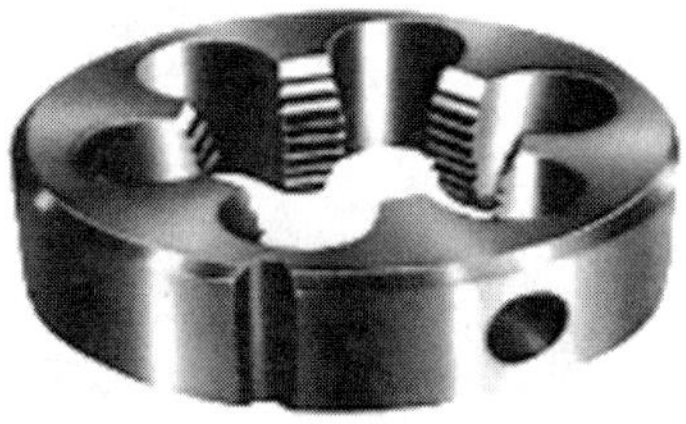

图 2-40　圆板牙

图 2-41　铰杠

图 2-42　板牙架

图 2-43　平口钳

图 2-44　压板

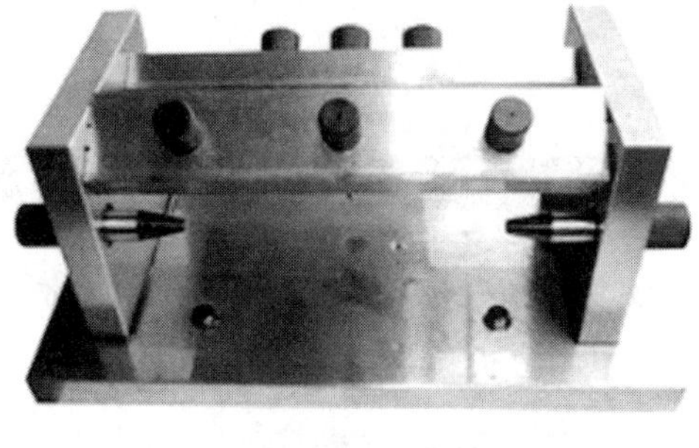

图 2-45　专用夹具

2. 常用装配工具

机械结构复杂多样，形状各异，因而装拆和调整工具也有各种不同的形式。装配时应根据具体情况合理选用。

(1)螺钉旋具。螺钉旋具结构形状和装配操作方式多种多样，按其头部形状一般可分为一字槽螺钉旋具和十字槽螺钉旋具两种，如图 2-46 所示。

(2)扳手。扳手是用来装拆六角形螺钉、正方形螺钉及各种螺母的工具，常由工具钢、合金钢或可锻铸铁制成。常用的扳手可按类型分为通用扳手、专用扳手和特种扳手三类。

①通用扳手(即活扳手)。由活扳唇、呆扳唇、蜗轮及手柄组成，其钳口的尺寸能在一定范围内调节，如图 2-47 所示。

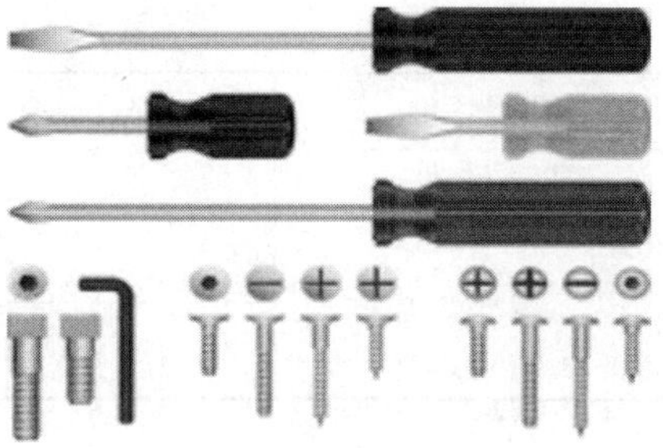

图 2-46　一字槽和十字槽螺钉旋具

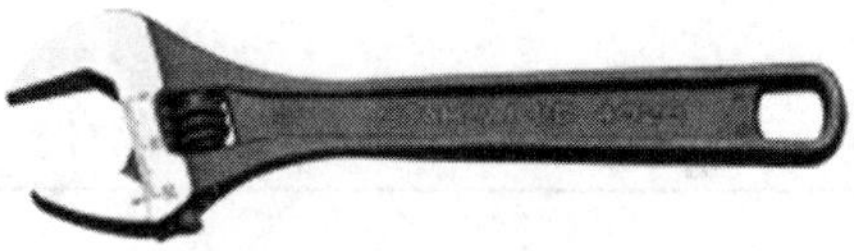

图 2-47　通用扳手

②专用扳手。只能扳动一种规格的螺母或螺钉，用于解决在空间狭小的地方和室外作业时不容易操作的问题，应用较广泛。常用类型有呆扳手、整体扳手、钳形扳手、套筒扳手、内六角扳手等，如图 2-48 所示。

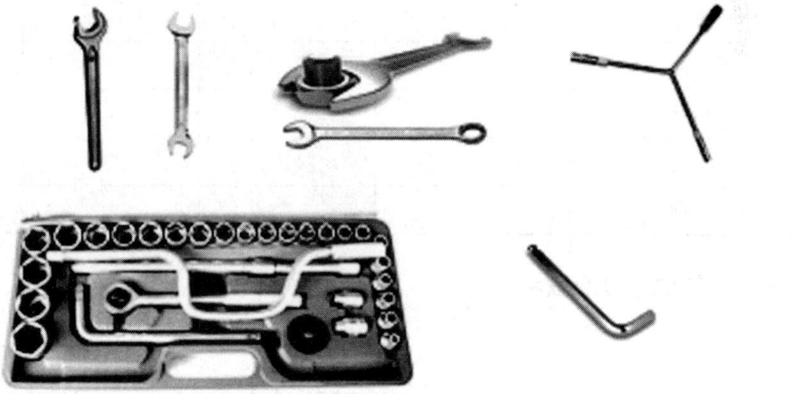

图 2-48　专用扳手

③特种扳手。指根据某些特殊要求制造的扳手，以及通过反复摆动手柄即可逐渐拧紧螺母或螺钉的棘轮扳手，如图 2-49 所示。

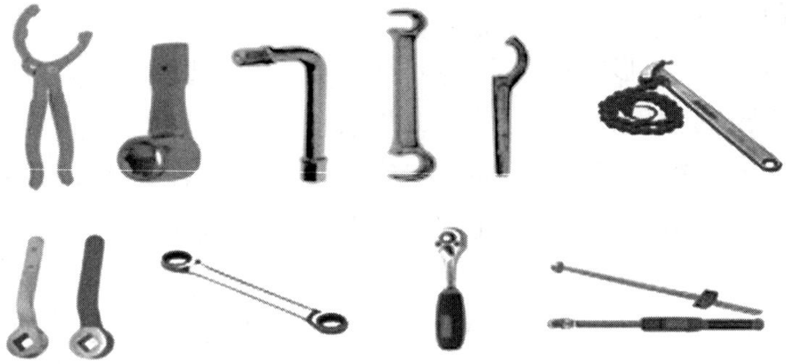

图 2-49 特种扳手

二、学习记录与评价

1. 制订工作计划

师傅指导记录	制订工作计划质量评价	评价成绩
		年 月 日

2. 学徒关键职业能力及职业品质、工匠精神评价

项目	等级			
	A	B	C	D
工作态度				
吃苦耐劳				
团队协作				
沟通交流				
学习钻研				
认真负责				
诚实守信				

3. 学徒对工作过程的思考

第五节　常用测量与检验工具的使用与维护保养

测量与检验是生产加工和装配精度的保证，量具的使用与保养直接关系到零部件加工修理及设备维修装配工作的质量。装配钳工不仅要熟练选择常用测量与检验工具，还要明确装配钳工常用测量与检验工具的种类、应用场合，掌握常用测量与检验工具的使用方法和维护保养方法，使装配精度达到装配技术要求。测量与检验工具使用和保养不好，会造成量具的不精确，无法实现精确测量的目的。

一、基础知识

在机械零件加工、设备检修、装配、调试和维护工作中，经常要用到各种量具和量仪，为此装配钳工必须掌握量具和量仪的种类、应用场合和使用方法。

钳工常用生产加工量具有游标卡尺（图 2-50）、螺旋千分尺（图 2-51）、游标万能角度尺、直角尺、百分表（图 2-52）、标准量具（图 2-53）、专用量具（图 2-54）和卡规（图 2-55）。

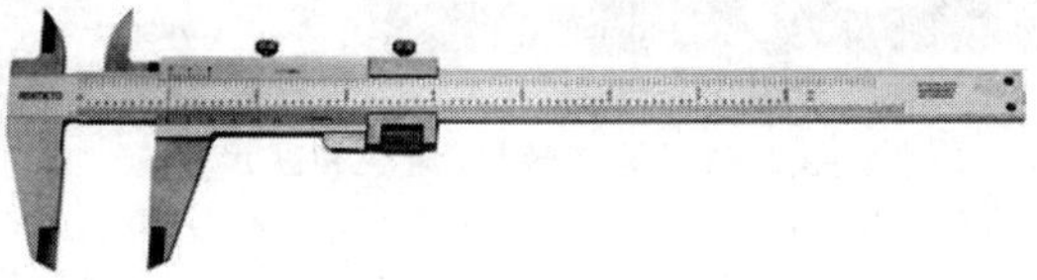

图 2-50　游标卡尺

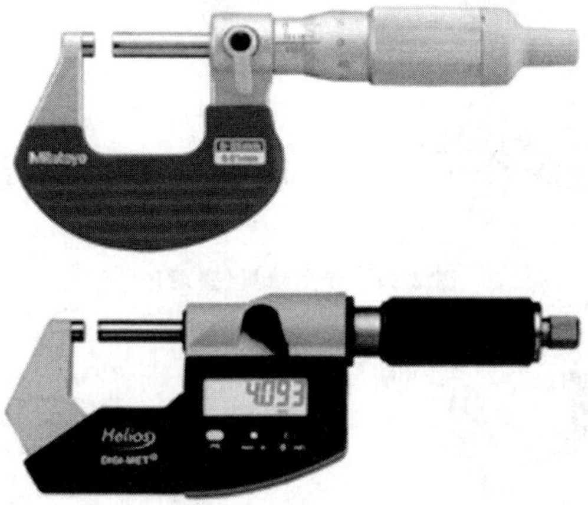

图 2-51　螺旋千分尺

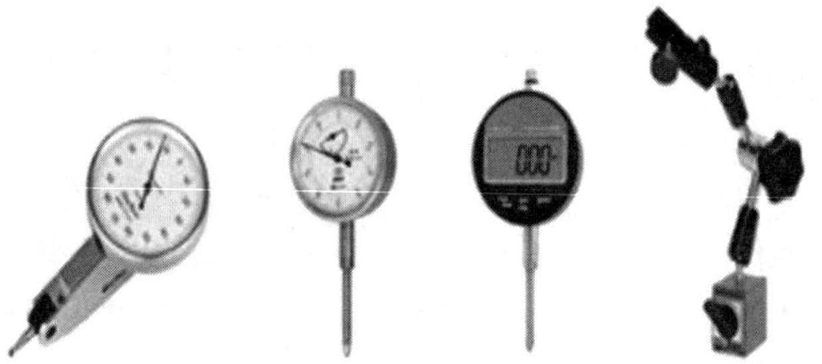

图 2-52　百分表

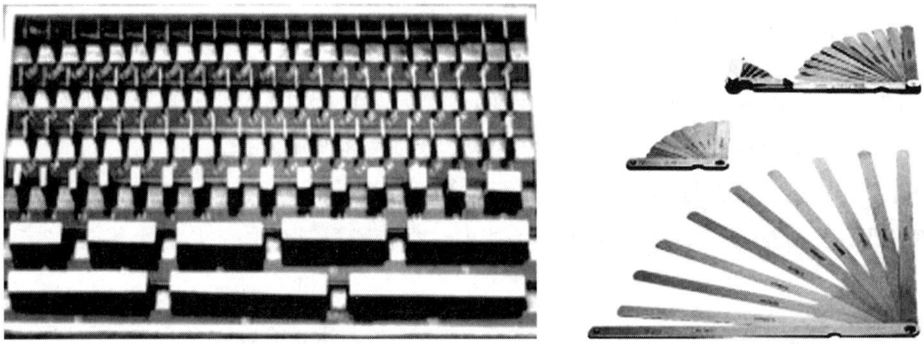

图 2-53　标准量具(量块和塞尺)

图 2-54　专用量具(塞规)

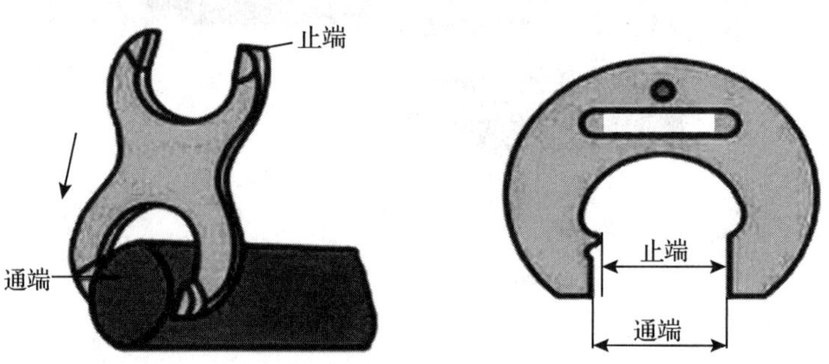

图 2-55　专用量具(卡规)

本节重点介绍通用量具。通用量具是指那些测量范围和测量对象较广的量具，一般可直接得出精确的实际测量值，其制造技术和要求较复杂，一般是成系列、规范化的，并由专业的企业生产制造。

卡尺按其结构可分为游标卡尺、数显卡尺、带表卡尺，按其用途可分为深度卡尺、高度卡尺、齿厚卡尺，如图 2-56 所示。

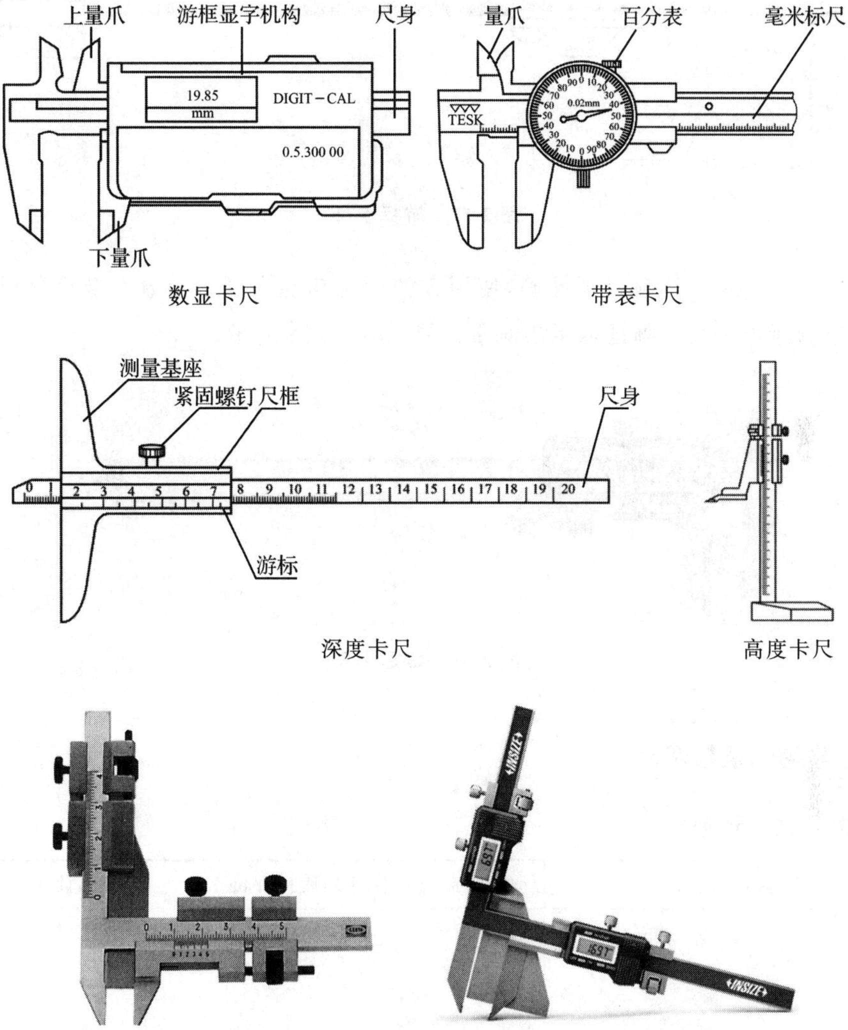

图 2-56　各种不同类型的卡尺

游标卡尺，是一种中等精度的量具，可以直接量出工件的内径、外径、长度、宽度、深度和孔距等，如图 2-57 所示。

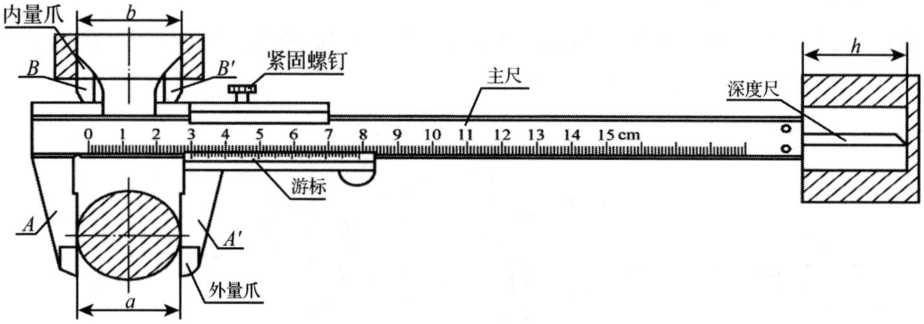

图 2-57　游标卡尺

数显卡尺，特点是读数直观准确，使用方便而且功能多样。当数显卡尺测得某一尺寸时，数字显示部分会清晰地显示出测量结果，如图 2-58 所示。

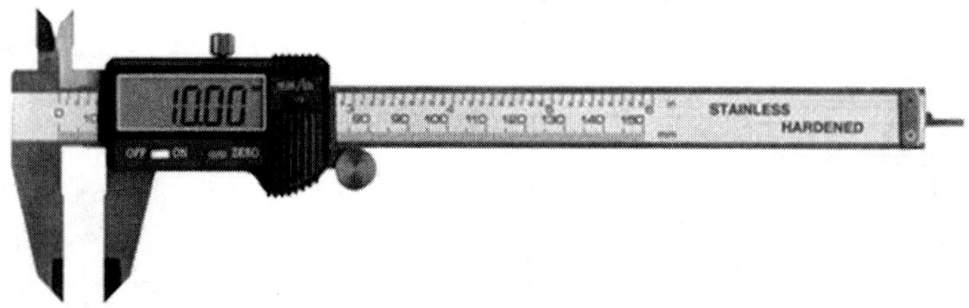

图 2-58　数显卡尺

二、学习记录与评价

1. 制订工作计划

师傅指导记录	制订工作计划质量评价	评价成绩
		年　月　日

2. 学徒关键职业能力及职业品质、工匠精神评价

项目	等级			
	A	B	C	D
工作态度				
吃苦耐劳				
团队协作				
沟通交流				
学习钻研				
认真负责				
诚实守信				

3. 学徒对工作过程的思考

____

____

____

____

____

第六节 装配工艺过程认知

装配是机器设备制造和修理的重要环节，其质量的好坏对机构的正常运转、使用性能和使用寿命有较大的影响。在动手装配之前，学员必须先要熟悉整机的装配工艺过程，了解装配、套件、组件、部件、机器等概念，掌握零件、套件、组件、部件的区别。

一、基础知识

装配工艺过程一般包括装配前的准备工作、装配、检验和调整四个阶段。

1. 装配前的准备工作

装配前要了解机器设备及各部件总成装配图和有关技术文件，熟悉各零部件的结构特点、作用、相互连接关系及连接方式。

(1)根据零部件的结构特点和技术要求、装配工艺规程，选择装配方法，确定装配顺序，准备装配时所用的工具、夹具、量具和材料。

(2)按清单检测准备安装零件的尺寸精度，核查技术要求，有不合格者一律不得装配。

(3)零件装配前必须清理、清洗，保持干净。

2. 装配

装配是将若干个零件和套件装成一个组件或部件，或将若干个零件、套件、组件和部件装成产品的操作过程。

(1)套件与套装。在一个基准零件上，装上一个或若干个零件就构成一个套件；套装是在一个基准零件上，装上一个或若干个零件形成一个最小装配单元的装配过程。套件与套件装配系统图如图 2-59 所示。

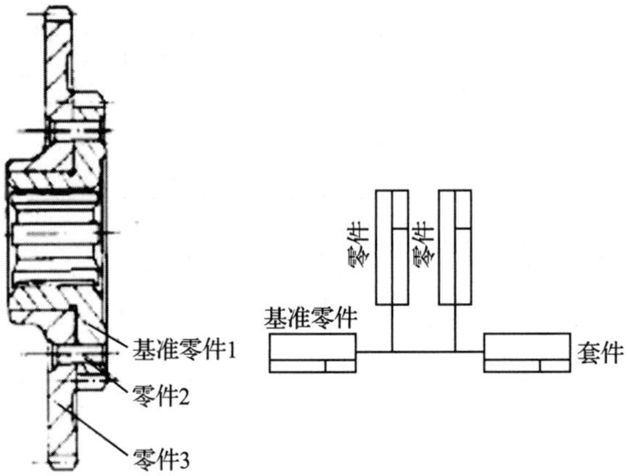

图 2-59 套件与套件装配系统图

(2)组件与组装。在一个基准零件上，装上一个或若干个套件和零件就构成一个组件，组件没有显著完整的作用，如主轴箱中轴与其上的齿轮、套、垫片、链和轴承组合体；组装是在一个基准零件上装上若干个套件及零件构成组件装配单元的装配过程。组件与组件装配系统图如图 2-60 所示。

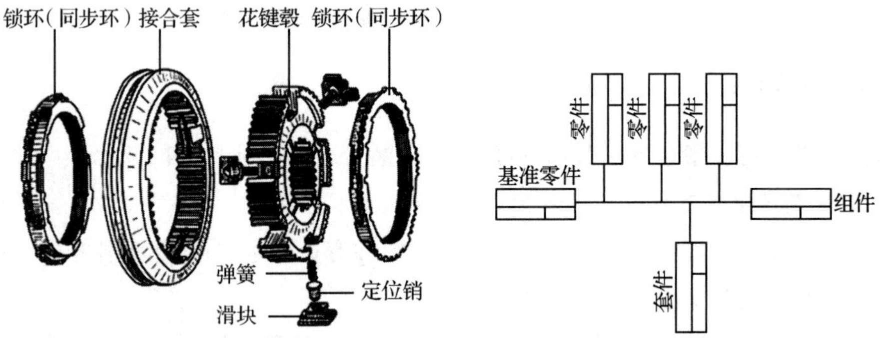

(a)组件锁环式同步器分解图　　(b)组件装配系统图

图 2-60 组件与组件装配系统图

(3)部件与部装。在一个基准零件上，装上若干个组件、套件和零件就构成部件，部件在机器中具有完整的功能与用途；部装是在一个基准零件上装上若干个组件、套件和零件构成部件装配单元的装配过程。部件与部件装配系统图如图 2-61 所示。

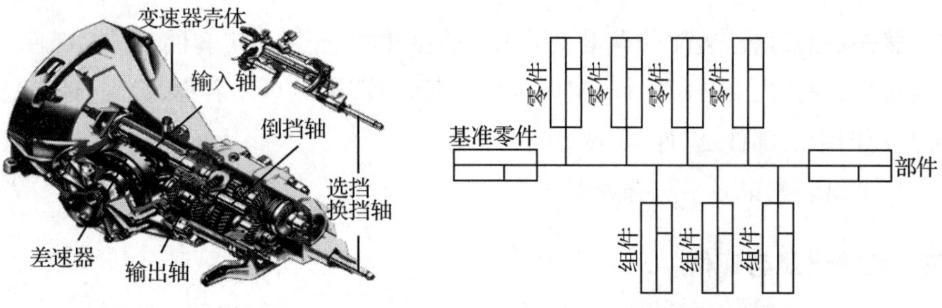

(a)轿车变速器部件装配　　(b)部件装配系统图

图 2-61　部件与部件装配系统图

(4)机器与总装。在一个基准零件上,装上若干个部件、组件、套件和零件就成为机器;总装是在一个基准件上安装若干个部件、组件、套件和零件,最终组成一台机器的装配过程。机器与机器装配系统图如图 2-62 所示。

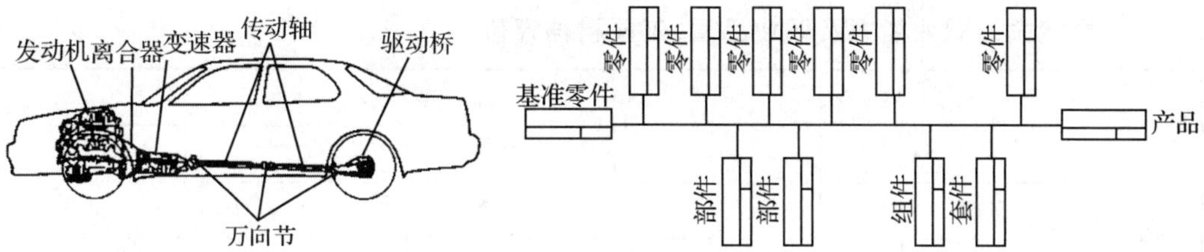

(a)轿车整机装配　　(b)机器装配系统图

图 2-62　机器与机器装配系统图

(5)装配单元系统图。装配单元系统图是指表示装配单元的划分及其装配先后顺序的图。它能清晰地表示装配顺序,用一个长方格表示一个零件或装配单元,即用该长方格可以表示参加装配的零件、套件、组件、部件和机器。

绘制装配单元系统图时,首先选择装配的基准件。基准件可选一个零件,也可选低一级的装配单元。基准件先进入装配,然后根据装配结构的具体情况,按先下后上、先内后外、先难后易、先重大后轻小、先精密后一般的规律,确定其他零件或装配单元的装配顺序。

3. 检验

依据产品图样、装配工艺规程以及产品标准,检查零部件的装配工艺是否正确,装配是否符合设计图样规定的过程,称为检验。

4. 调整

检验后不符合规定的部位,重新按装配工艺技术要求装配,以保证机器设备达到规定的技术要求和使用性能的过程,称为调整。

二、实操训练

【主要任务】根据已装配的自走式玉米收获机实物，分别确定套件、组件、部件。

【实操内容】首先要分析图样，明确装配单元，填写装配单元名称、编号、件数；其次是分清装配简图中的部件、组件、套件、零件。

重点：绘出装配单元系统合成图。

三、实操记录与评价

1. 制订工作计划

<table>
<tr><th>师傅指导记录</th><th>制订工作计划质量评价</th><th>评价成绩</th></tr>
<tr><td rowspan="2"></td><td rowspan="2"></td><td></td></tr>
<tr><td>年　月　日</td></tr>
</table>

2. 学徒关键职业能力及职业品质、工匠精神评价

项目	等级			
	A	B	C	D
工作态度				
吃苦耐劳				
团队协作				
沟通交流				
学习钻研				
认真负责				
诚实守信				

3. 学徒对工作过程的思考

第七节　装配工作组织形式认知

生产企业根据待装配产品的结构特点和生产数量的不同，选择不同的装配工作组织形式和生产类型。

选择恰当的装配工作组织形式，能够有效提高劳动生产效率和资源利用效率。因此，学员们须认真学习这一部分内容。

一、基础知识

1. 装配工作的组织形式

装配工作的组织形式一般有固定式装配和移动式装配两种。

(1)固定式装配。固定式装配是指将产品或部件的全部装配工作安排在一个固定的工作地点进行。在装配过程中产品的位置不变，装配所需的零件也集中放在工作地点附近。根据产品的结构和生产类型，固定式装配有以下三种形式：

①集中固定式装配。全部装配工作由一组工人在一个工作地点集中完成。这种形式要求工人的技术水平高，而且装配时间长，多适用于单件小批生产。

②分散固定式装配。把产品的全部装配过程分解为组部件装配和总装配，各组部件的装配和产品的总装由几组工人在不同的工作地点分别进行。这种形式可使装配操作专业化，装配周期缩短，生产场地的使用率和生产效率较高。

③产品固定式流水装配。将装配过程分成若干个独立的装配工序，分别由几组工人负责，各组工人按工序顺序依次到各装配地点对固定不动的装配对象根据本组的要求进行装配。这种形式是固定式装配的高级形式，工人专业化程度要求高，产品质量稳定，装配周期短，适用于重型和大型产品的成批生产。

(2)移动式装配。移动式装配是指装配工人和工作地点固定不变，装配对象不断地通过每个工作地点，在一个工作地点完成一个或几个工序，在最后一个工作地点完成装配工作。这种形式的特点是各装配时间重合或部分重合，因而装配周期短，工人专业化程度高，工作地点固定，降低了劳动强度。移动式装配有自由移动式装配、强制移动式装配和间歇移动式装配三种形式。

①自由移动式装配。装配对象由工人或运输装置运送到各个工作地点，工人完成有关的装配工作；在一个工作地点完成某一工序后，再送到下一个工作地点进行其他工序的装配。这种形式下装配进度可自由调节，应尽量使各工序的装配时间相同，不同时可用储备件来调节。

②强制移动式装配。装配对象由传送带或传送链连续或间歇地由一个工作地点移向下一个工作地点，在各个工作地点进行不同的装配工序，最后完成全部装配工作。这

种形式下装配进度是强制调节的。强制移动式装配是工人在装配对象移动过程中进行装配，装配时间和运输时间重合，所以生产效率高，但是移动时易产生振动，工作条件变差，不易检验和找正，装配质量不高。

③间歇移动式装配。装配对象分别在工作地点停留相同的时间，在此期间内工人要完成一定量的装配工作。这种形式下装配的产品质量高，装配工作按照严格的节拍进行，是装配流水线的基本形式，适用于大批大量生产。

2. 装配工作的生产类型

机器装配根据生产批量大致可分为大批大量生产、成批生产和单件小批生产三种类型。生产类型与装配工作的组织形式、装配工艺方法、工艺过程、工艺装备、手工操作要求等方面的联系见表 2-1。

表 2-1　各种生产类型的装配工作特点

<table>
<tr><td colspan="2">生产类型</td><td>大批大量生产</td><td>成批生产</td><td>单件小批生产</td></tr>
<tr><td colspan="2">基本特性</td><td>产品固定，生产活动长期重复，生产周期一般较短</td><td>产品在系列化范围内变动，分批交替投产或多品种同时投产，生产活动在一定时期内重复</td><td>产品经常变换，不定期重复生产，生产周期一般较长</td></tr>
<tr><td rowspan="5">装配工作特点</td><td>组织形式</td><td>多采用流水装配线。有连续移动、间歇移动及可变节奏移动等方式，还可采用自动装配机或自动装配线</td><td>笨重、批量不大的产品多采用固定流水装配，批量较大时采用流水装配，多品种平行投产时采用可变节奏流水装配</td><td>多采用固定装配或固定式流水装配进行总装，同时对批量较大的部件也可采用流水装配</td></tr>
<tr><td>装配工艺方法</td><td>按互换法装配，允许有少量简单的调整，精密偶件成对供应或分组供应装配，无任何修配工作</td><td>主要采用互换法，同时灵活运用其他保证装配精度的装配工艺方法，如调整法、修配法及合并法，以节约加工费用</td><td>以修配法及调整法为主，互换件比例较少</td></tr>
<tr><td>工艺过程</td><td>工艺过程划分很细，力求达到高度的均衡性</td><td>工艺过程的划分须适合批量的大小，尽量使生产均衡</td><td>一般不制订详细工艺文件，工序可适当调度，工艺也可灵活掌握</td></tr>
<tr><td>工艺装备</td><td>专业化程度高，宜采用专用高效工艺装备，易于实现机械化、自动化</td><td>通用设备较多，但也采用一定数量的专用工具、夹具、量具，以保证装配质量和提高工效</td><td>一般为通用设备及通用工、夹、量具</td></tr>
<tr><td>手工操作要求</td><td>手工操作比例小，熟练程度容易提高，便于培养新工人</td><td>手工操作比例较大，技术水平要求较高</td><td>手工操作比例大，要求工人有较高的技术水平和多方面的工艺知识</td></tr>
<tr><td colspan="2">应用实例</td><td>汽车、拖拉机、内燃机、滚动轴承、手表、缝纫机、电气开关</td><td>机床、机车车辆、中小型锅炉、矿山采掘机械</td><td>重型机床、重型机器、汽轮机、大型内燃机、大型锅炉</td></tr>
</table>

二、实操训练

新疆机械研究院股份有限公司生产的自走式玉米收获机为重型设备，批量为中小批生产，请根据装配工作的组织形式，判断该企业装配车间应采用什么样的组织形式。

【主要任务】进行小结。

【实操指导】首先要分析产品的结构和生产类型；其次了解目前装配工作的组织形式有几种类型，综合产品的结构和生产类型，确定产品装配的组织形式；最后举一反三，总结装配工作的组织形式与产品结构、生产类型的关系。

重点：综合产品结构和生产类型，确定产品装配的组织形式。

难点：总结装配工作的组织形式与产品结构、生产类型的关系。

【实操内容】

任务一　分析产品的结构和生产规模

本任务中给出某产品是一种轻型设备，批量为中小批生产。

任务二　确定自走式玉米收获机产品装配的组织形式

根据装配工作组织形式的特点，结合自走式玉米收获机产品的结构和生产类型，确定自走式玉米收获机装配工作的组织形式为分散固定式装配。

任务三　总结装配工作的组织形式与产品结构、生产规模的关系。

如表 2-2 所示。

表 2-2　各种生产规模的装配方法、组织形式与特点

生产规模	装配方法与组织形式	特点
单件生产	手工(使用简单工具)装配，无专用和固定工作台位	生产效率低，装配质量在很大程度上取决于装配工人的技术水平和责任心
小批生产	装配工作台位固定，备有装配夹具、模具和各种工具，可分为部件装配和总装配，也可组成装配对象固定而装配工人流动的流水线	有一定生产效率，能满足装配质量要求，需用设备不多；工作台位之间一般不用机械化输送
成批生产	每个工人只完成一部分工作，装配对象用人工依次移动(可带随行夹具)，装备按装配顺序布置	生产效率较高，对工人技术水平要求相对较低，装备费用不高；装配工艺相似的多品种流水线可采用自由节拍移动
成批或大批生产	一种或几种相似装配对象专用流水线，有周期性间歇移动和连续移动两种方式	生产效率高，节奏性强，待装零部件不能脱节，装备费用较高
大批大量生产	半自动或全自动装配线，半自动装配线部分上、下料和装配工作采用人工方法	生产效率高，质量稳定，产品变动灵活性差，装备费用昂贵

三、实操记录与评价

1. 制订工作计划

师傅指导记录	制订工作计划质量评价	评价成绩
		年　月　日

2. 学徒关键职业能力及职业品质、工匠精神评价

项目	等级			
	A	B	C	D
工作态度				
吃苦耐劳				
团队协作				
沟通交流				
学习钻研				
认真负责				
诚实守信				

3. 学徒对工作过程的思考

第八节　常用装配方法运用

一、基础知识

机械产品装配方法有很多，常见的装配方法有互换装配法、选配装配法、修配装配法和调整装配法四种。

1. 互换装配法

在装配时各配合零件不经修理、选择或调整即可达到装配精度的方法称为互换装

配法。

互换装配法装配质量稳定可靠，装配工作简单、经济、生产效率高，零部件有互换性，便于组织流水装配和自动化装配，是一种比较理想和先进的装配方法。因此只要各零件的加工在技术上经济合理，就应该优先采用此法，尤其宜在大批量生产中广泛采用。根据互换程度，互换装配法又可分为完全互换法和部分互换法两种。

(1)完全互换法。即在同类零件中任取一个零件，不经任何选择或修配就能进行装配，并达到装配精度要求的装配方法。这种装配方法操作简单，生产效率高，维修方便，有利于组织流水作业与协作生产，对操作人员的技术要求较低，但对零件的加工精度要求较高，生产成本将增加。主要在配合零件较少、精度要求不太高或机械产品大批量生产时采用。

(2)部分互换法。即有少数零件的装配精度达不到装配精度要求，配合零件不完全是100%的具有互换性的装配方法。这种装配方法成本低，放大了零件制造公差，有极小部分产品达不到装配精度，宜在装配时允许出现少量返修调整的情况下采用。

2. 选配装配法

将零件的制造公差适当放宽，装配时挑选相应尺寸的零件进行装配的方法，称为选配装配法。选配装配法又可分为直接选配法、分组选配法和复合选配法三种。

(1)直接选配法。即由装配钳工直接从一批零件中，凭装配经验选择合适的零件进行装配的方法。该方法操作简单，选配时间长，装配效率高，装配精度取决于装配钳工的技术水平，不宜在有节拍的生产中采用。

(2)分组装配法。即先将一批零件逐个进行测量，按照严格的尺寸范围将零件分成若干组，然后将各组的配合零件按照相对应尺寸，大的与大的相配，小的与小的相配，从而达到装配精度要求的装配方法。这种装配方法的特点是零件加工精度要求不高，但能获得较高的装配精度；同组零件可以互换；增加零件的存贮量和零件的测量分组工作，使零件的贮存运输工作复杂化。该方法仅适用于大批量生产中装配精度要求严，而影响装配精度的相关零件很少的情况。

(3)复合选配法。即直接选配法和分组装配法两种方法的复合。具体做法是把零件预先分组，装配时装配工直接在对应的组中选配。

3. 修配装配法

装配过程中修去某配合件上的预留修配量，使配合零件达到规定的装配精度，这种装配方法称为修配装配法。

修配装配法使装配工作复杂化并增加了装配时间，但在加工零件时可适当降低其加工精度，不需要采用高精度的设备，节省机械加工时间，从而使产品成本降低。这种方法常用在生产精度高的成批机械产品或单件小批生产中。

4. 调整装配法

装配过程中，调整一个或几个零件的位置，以消除零件的积累误差，从而达到装配要求的装配方法称为调整装配法。

调节调整件相对位置的方法有可动调整法、固定调整法和误差抵消调整法三种。调整装配法能获得比较理想的装配精度，在实际生产中应用较广。可动调整法和误差抵消调整法适用于小批生产，固定调整法主要适用于大批量生产。

二、实操训练

【主要任务】根据所学基础知识，总结装配方法与生产纲领、装配精度的关系。

【实操指导】可用表格方式总结装配方法与生产纲领、装配精度的关系，见表 2-3。

表 2-3　各种装配方法与生产纲领、装配精度的关系

装配方法		生产纲领	装配精度
互换装配法	完全互换法	在配合零件较少、精度要求不太高或机械产品批量较大时采用	装配精度不高
	部分互换法	装配时出现少量返修调整的情况下采用，即在单件生产中使用	装配后精度高
选配装配法	直接选配法	在单件小批生产中使用	装配精度取决于装配钳工的技术水平
	分组装配法	适用于大批大量生产中装配精度要求严，而影响装配精度的相关零件较少的情况下	装配精度高
	复合选配法	直接选配法和分组装配法两种方法的复合	装配精度高
修配装配法		用在成批生产精度高的机械产品或单件小批生产中	装配精度高
调整装配法	可动调整法	用于小批生产中	装配后精度高
	固定调整法	用于大批量生产中	
	误差抵消调整法	用于小批生产中	

三、实操记录与评价

1. 制订工作计划

师傅指导记录	制订工作计划质量评价	评价成绩
		年　月　日

2. 学徒关键职业能力及职业品质、工匠精神评价

项目	等级			
	A	B	C	D
工作态度				
吃苦耐劳				
团队协作				
沟通交流				
学习钻研				
认真负责				
诚实守信				

3. 学徒对工作过程的思考

____

____

____

____

第九节　装配工艺规程制订

装配工艺规程是用文件形式规定下来的装配工艺过程，是制订装配计划和技术准备，指导装配工作和处理装配工作问题的重要依据。它对保证装配质量，提高装配生产效率，降低成本和减轻工人劳动强度等都有积极的作用。因此，学员在学习过程中要了解装配工艺规程的要求，了解制订装配工艺规程的步骤，通过实操训练来提高制订装配工艺规程的水平。

一、基础知识

1. 装配工艺规程

装配工艺规程是指规定产品或部件装配工艺和操作方法等的工艺技术文件，其中包含规定产品及其部件的装配顺序、装配方法、装配技术要求及检验方法、装配所需设备和工具以及装配时间定额等主要指导装配工作的技术文件，是装配生产计划及技术准备的主要依据，也是设计或改建装配车间依据的基本文件。

2. 装配工艺规程制订的原则

(1)保证机械产品装配质量，并力求提高其质量，以延长产品的使用寿命。

(2)合理安排装配工序，尽量减少钳工装配的工作量，提高装配效率以缩短装配周期。

(3)尽可能减少车间的生产面积,提高单位面积的生产效率。

3. 制订装配工艺规程所需的原始资料

包括机械产品的总装图和部件装配图、机械产品验收的技术条件、机械产品的生产纲领(或年产量)及现有生产条件。

4. 制订装配工艺规程的步骤

(1)研究机械产品装配图和验收技术条件。

①仔细地研究机械产品的装配图及验收技术条件。

②通过上述技术文件的研究,深入了解机械产品及其各部件的具体结构。

③研究机械产品及各部件的装配技术要求,保证机械产品装配精度的方法,以及机械产品的试验内容、方法等。

(2)确定装配工作的组织形式。机械产品装配工艺规程的制订与装配工作的组织形式有关。装配工作组织形式的选择主要取决于机械产品尺寸大小与重量等结构特点和生产批量。

(3)划分装配单元,确定装配顺序。装配单元的划分,就是从工艺角度出发,将机械产品分解成可以独立装配的组件及各级分组件。机械产品装配单元的划分及其装配的顺序,可通过装配单元系统图表示。图中每一零件、分组件或组件都用长方格表示,长方格的上方注明装配单元的名称,左下方填写装配单元的编号,右下方填写装配单元的数量。装配单元的编号必须和装配图及零件明细栏中的编号相一致。

(4)划分装配工序。装配顺序确定后,还要将装配工艺过程划分为若干工序,并确定各个工序的工作内容、所需设备、工夹具和工时定额等。装配工序应包括检验和试验工序。

(5)制订装配工艺规程卡片。在单件小批生产时,通常不制订工艺规程卡片,装配钳工按装配图和装配工艺系统图进行装配。成批生产时,应根据装配工艺系统图分别制订总装和部装的装配工艺规程卡片。卡片的每一工序内应简要地说明工序的工作内容、所需设备和工夹具的名称及编号、装配钳工技术等级、时间定额等。

二、实操训练

【主要任务】装配单元系统图能简明直观地反映出机器的装配顺序,从而确定常用的装配方法及装配工作的组织形式,完成装配工艺过程并达到装配技术要求。根据装配要求,以低速轴为基准零件,其余各零件按一定顺序装配,绘制装配单元系统图、制作工艺规程卡片。

【任务要求】保证产品质量,延长产品使用寿命,提高劳动生产率。

【实操指导】根据任务要求和已知条件分析产品图样和装配时应满足的技术要求;确定装配工作的组织形式;划分装配单元,确定装配顺序;划分装配工序;编制装配工艺规程卡片。

【实操内容】

任务一　分析产品图样和装配时应满足的技术要求

检查文件和零件的完备情况，熟悉图样和零件清单、装配任务，选择合适的工具、量具和辅助工具。

任务二　确定装配工作的组织形式

按生产批量和减速器低速组件结构大小，装配采用分散固定式装配。

任务三　划分装配单元，确定装配顺序

绘制锥齿轮轴组件装配单元系统图，如图 2-63 所示。步骤如下：

①先画一条横线(或竖线)。

②横线左端画一个小长方格，代表基准零件。在长方格中注明装配单元名称、编号和数量。

③横线的右端也画一个小长方格，代表装配的成品。

④横线由左至右表示装配的顺序。直接进行装配的零件画在横线上边，组件画在横线下边。

由装配单元系统图可以清楚地看出，成品的装配顺序以及装配所需零件的名称、编号和数量。因此，装配单元系统图可起到指导和组织装配工艺的作用。

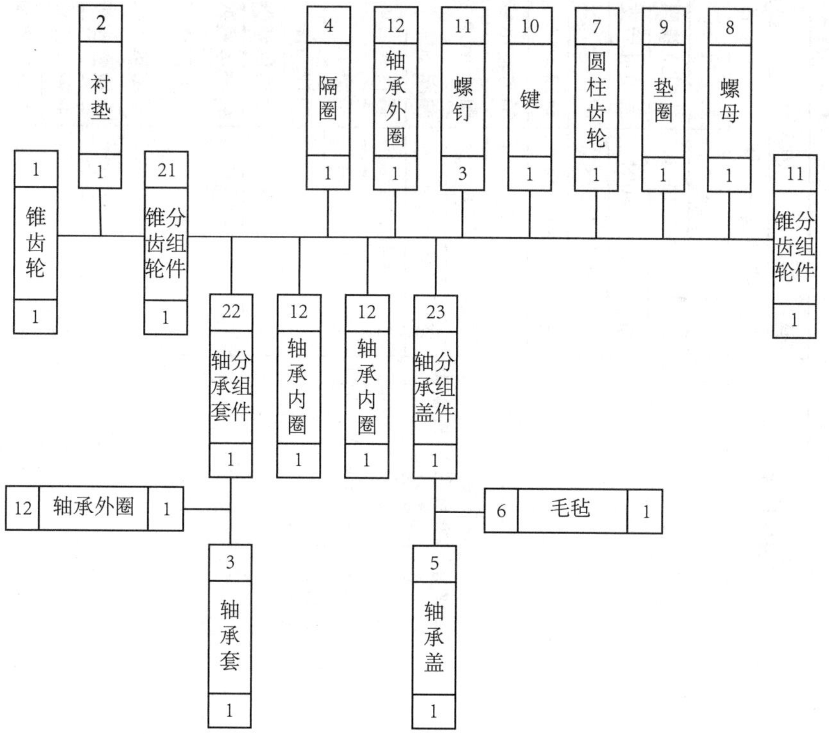

图 2-63　锥齿轮轴组件装配系统图

任务四　编制装配工艺规程卡片

编制 Y7-00 自走式玉米联合收获机发动机安装装配工艺规程卡片。参见表 2-4。

表 2-4　自走式玉米联合收获机发动机组件装配工艺规程卡片

<table>
<tr><td rowspan="2">新疆波曼机械制造有限责任公司</td><td rowspan="2">装配工艺过程卡片(分装)</td><td>产品型号</td><td>Y7-00</td><td>部件图号</td><td>Y7-45</td><td>版本号</td><td>S02</td></tr>
<tr><td>产品名称</td><td>自走式玉米联合收获机</td><td>部件名称</td><td>发动机</td><td>共 2 页</td><td>第 1 页</td></tr>
</table>

<table>
<tr><td rowspan="2">工序号</td><td rowspan="2">装配内容</td><td rowspan="2">装配顺序</td><td colspan="4">所需配件</td><td rowspan="2">技术要求</td><td rowspan="2">工艺装备</td><td rowspan="2">辅助材料</td></tr>
<tr><td>序号</td><td>代号或分装件</td><td>名称</td><td>数量</td></tr>
<tr><td rowspan="18"></td><td rowspan="18">发动机安装</td><td rowspan="18">①安放好弹性元件后将输出端总成安装到发动机上
②安装主离合装配
③安装发动机后支座、油门拉线固定板
④安装小护圈</td><td>1</td><td></td><td>发动机 YC6108ZT</td><td>1</td><td rowspan="18">1. 安装完毕后,动力输出轴内腔注满锂基润滑脂
2. 安装完毕后,动力输出轴向窜动量不大于 0.5 mm
3. 安装完毕后,轴承应转动灵活
4. 装配过程中,先将 M10 螺栓紧固,拧紧力矩为 33～56 N·m,后将 M12 螺栓紧固,拧紧力矩为 60～100 N·m
5. 传感器要求紧固,转速传感器要求手动紧固后回转一圈,保证传感器与齿轮间隙在 3～5 mm,然后把备帽紧固</td><td rowspan="18">1. 气动扳手 B16
2. 套筒 18
套筒 16
套筒 13
3. 平口螺丝刀
4. 双头呆扳手 16-18
5. 双头呆扳手 13-15
6. 卡簧钳</td><td rowspan="18"></td></tr>
<tr><td>2</td><td>Y7-544005</td><td>油门拉线固定板</td><td>1</td></tr>
<tr><td>3</td><td>Y7-453001</td><td>发动机后支座</td><td>2</td></tr>
<tr><td>4</td><td>GB/T 5783</td><td>螺栓 M12×35</td><td>16</td></tr>
<tr><td>5</td><td>GB/T 93</td><td>垫圈 12</td><td>16</td></tr>
<tr><td>6</td><td>Y7-45-01A</td><td>动力输出装配</td><td>1</td></tr>
<tr><td>7</td><td>GB/T 5783</td><td>螺栓 M10×35</td><td>8</td></tr>
<tr><td>8</td><td>GB/T 93</td><td>垫圈 10</td><td>8</td></tr>
<tr><td>9</td><td>GB/T 5783</td><td>螺栓 M12×25</td><td>9</td></tr>
<tr><td>10</td><td>GB/T 93</td><td>垫圈 12</td><td>9</td></tr>
<tr><td>11</td><td></td><td>弹性元件</td><td>1</td></tr>
<tr><td>12</td><td></td><td>水温传感器</td><td>1</td></tr>
<tr><td>13</td><td></td><td>转速传感器</td><td>1</td></tr>
<tr><td>14</td><td></td><td>机油传感器</td><td>1</td></tr>
<tr><td>15</td><td>Y7-453002</td><td>发动机前支座</td><td>2</td></tr>
<tr><td>16</td><td>Y7-454002</td><td>保险盒座板</td><td></td></tr>
<tr><td>17</td><td></td><td>胶带 C2500+10(内长)</td><td>5</td></tr>
<tr><td>18</td><td></td><td>上防护罩焊合</td><td>1</td></tr>
</table>

标记	处数	更改文件号	签字	日期	标记	处数	更改文件号	签字	日期	编制(日 期)	校对(日期)	审核(日期)	标准化(日期)	会签(日期)

三、实操记录与评价

1. 制订工作计划

师傅指导记录	制订工作计划质量评价	评价成绩
		年　月　日

2. 学徒关键职业能力及职业品质、工匠精神评价

项目	等级			
	A	B	C	D
工作态度				
吃苦耐劳				
团队协作				
沟通交流				
学习钻研				
认真负责				
诚实守信				

3. 学徒对工作过程的思考

第三章
学徒岗位工作内容

第一节 固定连接的装配

固定连接是钳工装配中最基本的一种装配方法，在机械制造中应用广泛。常见的固定连接有螺纹连接、键连接、销连接、过盈连接等。根据拆卸后零件是否被破坏，固定连接又分为可拆卸的固定连接和不可拆卸的固定连接两类。

岗位工作任务一 螺纹连接的装配

【任务描述】

在师傅指导带领下进行玉米联合收获机转向桥装配时，用扭力扳手进行多个螺栓和螺母的装配；通过学习，掌握识别螺纹连接的常见种类和主要应用场合，正确装配双头螺柱连接。

【任务分析】

螺纹连接是一种可拆的固定连接，它具有结构简单、连接可靠、拆卸方便等优点。连接时施加拧紧力矩后，螺纹副产生预紧力，螺纹连接紧固而可靠，在机械连接中应用极为普遍。

一、基础知识

1. 螺纹连接

螺纹连接的类型有很多，常用的有螺栓连接、双头螺柱连接和螺钉连接三种基本类型。

(1)螺栓连接。无须在连接件上加工螺纹，连接件不受材料的限制。螺栓连接主要用于连接件厚度不大，并能从两边进行装配的场合，如图 3-1a 所示。

(2)双头螺柱连接。拆卸时只需旋下螺母，螺栓仍留在机体螺纹孔内，故螺纹不易损坏，主要用于连接件较厚而又需经常装拆的场合，如图 3-1b 所示。

(3)螺钉(包括紧定螺钉)连接。螺钉连接(图 3-1c)主要用于连接件较厚，或结构上受到限制，不能采用螺栓连接，且不需经常装拆的场合，紧定螺钉连接主要用于定位及传递较小转矩的场合，如图 3-1d 所示。

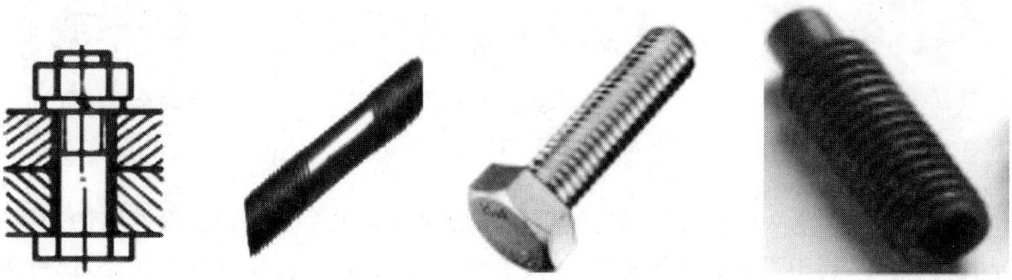

(a)螺栓连接　(b)双头螺柱连接　(c)螺钉连接　(d)紧定螺钉连接

图 3-1　螺纹连接的应用场合

2. 螺纹连接的预紧和防松

(1)螺纹连接的预紧。预紧可以提高螺栓连接的可靠性、防松能力和螺栓的抗疲劳强度，增强连接的紧密性和刚性。大量试验和使用经验证明：较高的预紧力对连接的可靠性和延长被连接件的寿命都是有益的，特别是对有密封要求的连接更为必要。当然，过高的预紧力，如若控制不当或者偶然过载，也常会导致连接的失效。因此，准确确定螺栓的预紧力是非常重要的。

(2)螺纹连接的防松。螺纹连接一般具有自锁性，此外螺母及螺栓头部支撑面上的摩擦力也有防松作用，故拧紧后一般不会松脱。但在冲击、振动或变载荷作用下，以及在高温或温度变化较大时，螺纹之间的摩擦力会瞬时减小或消失，连接就可能松动。防松的关键是防止螺旋件的相对转动。防松方法按其工作原理可分为摩擦力防松、机械防松和永久防松三种。

①摩擦力防松。摩擦力防松的结构简单、使用方便，可多次拆卸而不降低防松性能。如图 3-2 所示，摩擦力防松主要有三种：双螺母防松，增加摩擦防松；弹簧垫圈防松，利用收口的弹力使旋合螺纹间压紧；自锁螺母防松，增加摩擦防松。

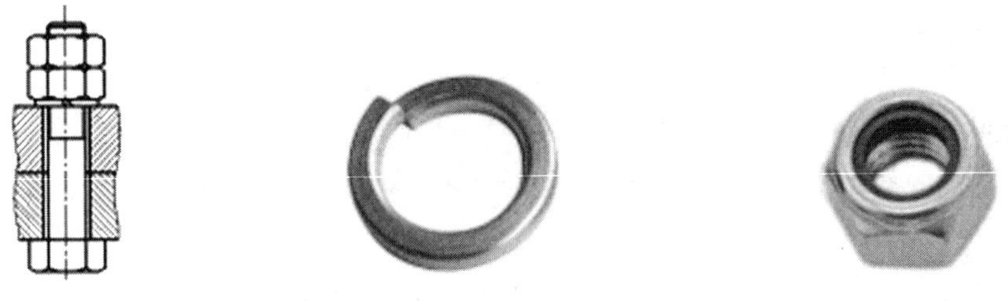

双螺母防松　　弹簧垫圈防松　　自锁螺母防松

图 3-2　摩擦力防松

②机械防松。机械防松结构简单、防松可靠，主要有开口销与六角开槽螺母防松、六角螺母止动垫圈防松、圆螺母止动垫圈防松和串联金属丝防松三种，如图 3-3 所示。

开口销防松　　止动垫圈防松　　串联金属丝防松

图 3-3　机械防松

③永久防松。永久防松主要是通过破坏螺旋副运动关系来达到防松的目的，其结构简单、防松可靠，属于不可拆卸的防松，主要有点焊防松、冲点防松、(铆合防松)螺钉头部和涂防松胶黏结剂等，如图 3-4 所示。

图 3-4　永久防松

二、实操训练

【准备工作】选取一块厚板、一块薄板，厚板预先钻好螺孔(直径自定)，薄板钻好通孔(直径与螺孔大径相配)。

【主要任务】通过双头螺柱装配，检验装配件是否符合装配要求，掌握如何确定拧紧力矩，如何正确使用工具，如何按要求选择防松方法。

【任务要求】装配要求如下：

(1)保证双头螺柱与机体螺纹的配合紧固性。

(2)保证双头螺柱轴线与连接板表面垂直。

(3)避免拧入时产生咬住现象。

【实操指导】根据装配技术要求，确定任务实施方案时首先检查并清洁装配件；其次将螺栓拧入较厚连接件的螺孔；再次将薄连接件装入螺栓，用螺母拧在螺栓上，最后做好防松。

1. 防松方法

(1)利用双头螺柱紧固端与机体螺孔配合有足够的过盈量来保证。

(2)用台肩形式紧固在机体上。

(3)把双头螺柱紧固端最后几圈螺纹做得浅些，以达到紧固的目的。

2. 拧紧方法

两个螺母拧紧，用专用工具或用长螺母拧紧。

【实操内容】

任务一　检查、清洁

螺栓装配前，应检查螺栓孔是否干净，有无毛刺，检查被连接件与螺栓、螺母接触的平面是否与螺栓孔垂直；螺纹是否合格，长度是否足够；同时，还应检查螺栓与螺母配合的松紧程度，并做好清洁工作。

任务二　螺栓拧入螺孔

一般将双头螺柱中螺纹长度短的一端拧入较厚被连接件的螺孔(不通孔螺纹)中，一直旋到近光杆处。装入前先用润滑油将螺栓、螺孔进行润滑，避免拧入时产生咬住现象，装入后确保螺栓不产生弯曲变形。

任务三　螺母拧在螺栓上

将另一较薄被连接件穿入螺栓，套上垫圈，按螺栓直径选择拧紧力矩拧紧螺母，不能过松或过紧，确保螺母底面应与连接件接触良好。

任务四　防松

为了防止螺钉或螺母在连接件工作中有振动或冲击时松动，采取可靠的防松措施。

三、实操记录与评价

1. 制订工作计划

<table>
<tr><td>师傅指导记录</td><td>制订工作计划质量评价</td><td>评价成绩</td></tr>
<tr><td rowspan="2"></td><td rowspan="2"></td><td></td></tr>
<tr><td>年　月　日</td></tr>
</table>

2. 学徒岗位工作任务实施表

装配工艺过程卡片（分装）	产品型号	Y7-00	部件图号	Y7-83B	版本号	S02	
	产品名称	自走式玉米联合收获机	部件名称	转向桥	共 2 页	第 1 页	

工序号	装配内容	装配顺序	所需配件				技术要求	工艺装备	辅助材料
			序号	代号或分装件	名称	数量			
	转向桥装配（1950）	①摆放转向梁总成，安装左、右转向节装配 ②安装螺栓 M20×60 及螺母 M20 ③安装左、右横拉杆接头总成及转向横拉杆焊合	1	Y7-83-01A	右转向节装配	1	1. 各油环处应注入润滑脂达到溢出为止、转向节总成应注入足够的钙基润滑脂 2. 调整横拉杆，并在轮圈边缘测量前结束；装配后抱住各运动副传动灵活 3. 螺母 M27×1.5、螺栓 M20×60 及轮毂与导轮连接螺栓 M16×60 扭紧力矩 250 N·m	1. 气动扳手 B16 2. 扭矩扳手（0～300 N·m） 3. 装配支架 4. 套筒 24、套筒 30	黄油
			2	3303C-059	EQ1118 横拉杆接头总成（左）	1			
			3	Y7-83-06	左转向节装配	1			
			4	Y7-83-03B	转向桥梁总成	1			
			5	Y7-83-04A	转向横拉杆焊合	1			
			6	GB/T 93	垫圈 16	16			
			7	GB/T 6170	螺母 M16	16			
			8	Y7-836013	垫圈	4			
			9	3303C-060	EQ1118 横拉杆接头总成（右）	1			
			10	GB/T 6170	螺母 M20	2			
			11	Y7-83-05	转向桥连接摆轴焊合	1			
			12	GB/T 5783	螺栓 M20×60	2			
			13						

标记	处数	更改文件号	签字	日期	标记	处数	更改文件号	签字	日期	编制（日期）	校对（日期）	审核（日期）	标准化（日期）	会签（日期）

3. 学徒关键职业能力及职业品质、工匠精神评价

项目	等级			
	A	B	C	D
工作态度				
吃苦耐劳				
团队协作				
沟通交流				
学习钻研				
认真负责				
诚实守信				

4. 学徒对工作过程的思考

岗位工作任务二　键连接的装配

【任务描述】

在师傅指导下进行玉米联合收获机驱动链轮组合装配时，学习零件之间的键连接装配。通过学习，掌握识别键连接的常见种类和主要应用场合，正确进行键连接装配。

【任务分析】

键是用来连接轴和轴上的零件，使它们周向固定以传递转矩的一种机械零件。键主要用于齿轮、带轮、联轴器等零件的连接。

一、基础知识

1. 键连接

键连接是通过键实现轴和轴上零件间的周向固定以传递运动和转矩的连接方式，可分为平键连接、半圆键连接、楔键连接和切向键连接等类型。

(1)平键连接。平键连接是靠键和键槽侧面挤压来传递转矩的,平键的两侧面为工作面,键的上表面和轮毂槽底之间留有间隙。平键连接按用途可分为普通平键连接(图3-5)、导向平键连接(图3-6)和滑键连接(图3-7)。平键连接具有结构简单、装拆方便、对中性好等优点,因而应用广泛。

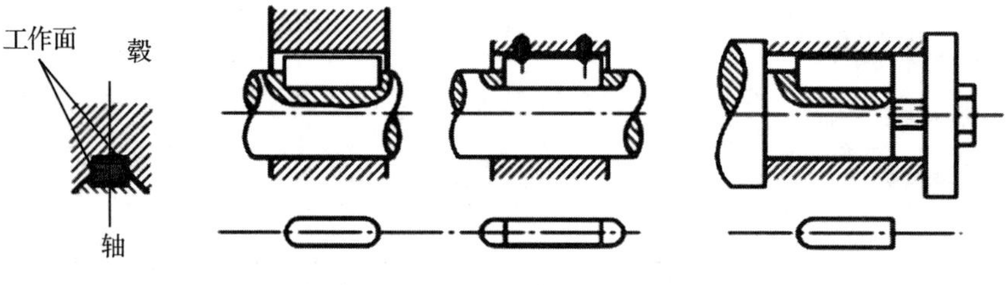

(a)圆头　　(b)方头　　(c)一端圆头,一端方头

图 3-5　普通平键连接

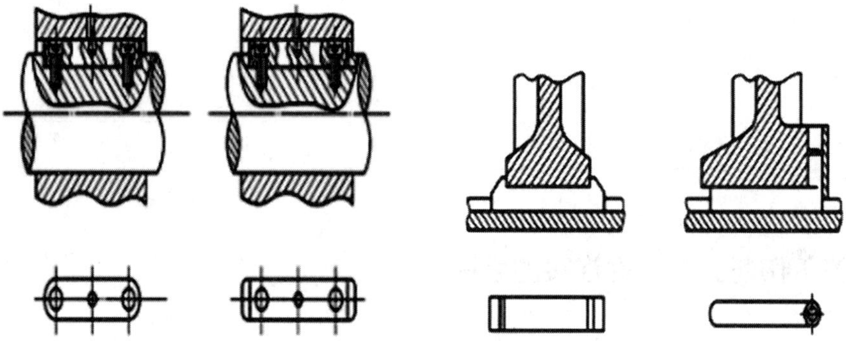

图 3-6　导向平键连接　　图 3-7　滑键连接

(2)半圆键连接。半圆键连接的工作原理与平键连接相同。轴上键槽用与半圆键半径相同的盘形铣刀铣出,因此半圆键在槽中可绕其几何中心摆动以适应轮毂槽底面的斜度。半圆键连接的结构简单,制造和装拆方便,一般多用于轻载连接,尤其是锥形轴端与轮毂的连接中,如图 3-8 所示。

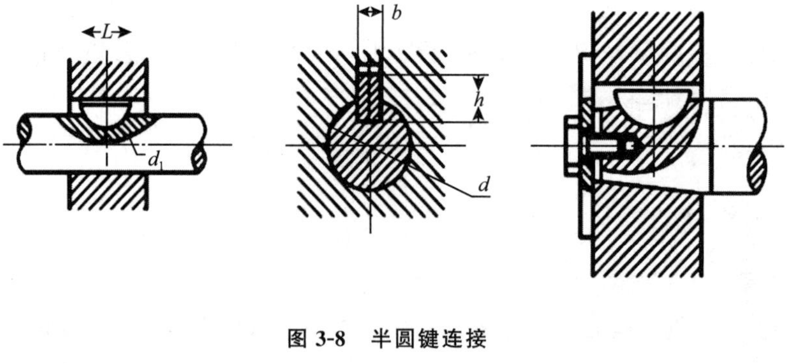

图 3-8　半圆键连接

(3)楔键连接。楔键的上下表面是工作面，键的上表面和轮毂槽底面均有 1∶100 的斜度，钩头形楔键连接如图 3-9 所示。装配后，楔键紧固于轴槽和毂槽之间。工作时，依靠键、轴、轮毂之间的摩擦力及键受到的挤压传递转矩，同时能承受单方向的轴向载荷。

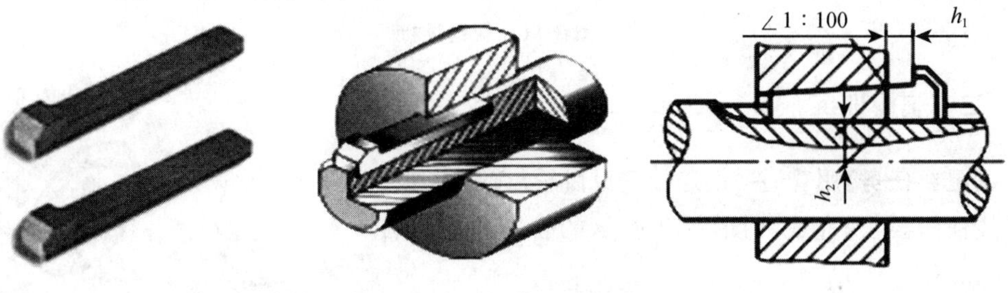

图 3-9　钩头形楔键连接

(4)切向键连接。切向键由两个斜度为 1∶100 的普通楔键组成，如图 3-10 所示。装配时两个楔键分别从轮毂一端打入，使其两个斜面相对，共同楔紧在轴与轮毂的键槽内。

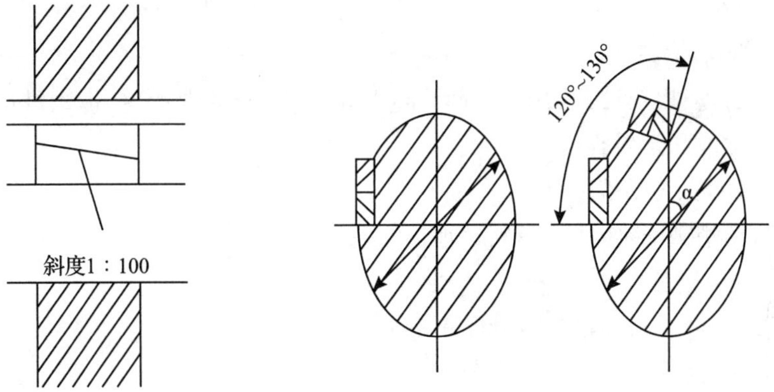

图 3-10　切向键连接

2. 花键连接

花键连接是由轴和轮毂孔上的多个键齿和键槽组成的(图 3-11)。键齿侧面是工作面，连接靠键齿侧面的挤压来传递转矩。花键连接具有较高的承载能力，定心精度高，导向性能好，可实现静连接或动连接。因此，花键连接在飞机、汽车、拖拉机、机床和农业机械制造中得到了广泛的应用。

花键连接按工作方式不同分为静连接和动连接。花键装配时的定心方式有大径定心、小径定心和齿侧定心三种，一般情况下常采用大径定心，以便获得较高的加工精度。

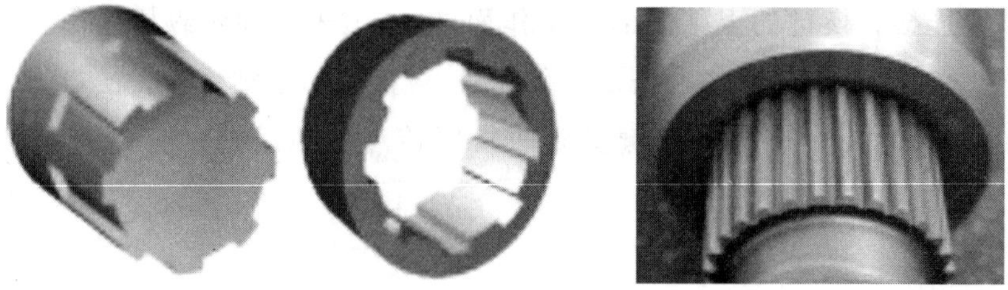

图 3-11　花键连接

二、实操训练

图 3-12　普通平键装配

【主要任务】用普通平键连接完成齿轮与轴的装配。

【任务要求】完成如图 3-12 所示的普通平键装配，要求如下：

(1)键的两侧应有一些过盈量。

(2)键顶面和轮毂槽底面之间须留有一定间隙。

(3)键底面应与轴槽底面接触。

【实操指导】首先检查并清洁装配件；其次将键头与轴槽试配；再次锉配键长，最后将键压装入轴槽。

【实操内容】

任务一　检查、清洁

平键装配前，应检查键和键槽是否干净，有无毛刺，并清理干净；检查键的平直度、键槽对轴线的对称度和歪斜程度。

任务二　将键头与轴槽试配

用键头与轴槽试配，应能使键紧紧地嵌在轮毂槽中。

任务三　挫配键长

挫配键长，使键头与轴槽间有 0.1 mm 左右的间隙。

任务四　装配

装配时在配合面加机油，用铜棒或带有软垫的台虎钳将键压装入轴槽中。接装配要求试配并安装齿轮。

三、实操记录与评价

1. 制订工作计划

师傅指导记录	制订工作计划质量评价	评价成绩
		年　月　日

2. 学徒岗位工作任务实施表

<table>
<tr><td colspan="2" rowspan="2"></td><td colspan="2" rowspan="2">装配工艺过程卡片(分装)</td><td>产品型号</td><td>Y7</td><td>部件图号</td><td>Y7-28-06</td><td>版本号</td><td>S02</td></tr>
<tr><td>产品名称</td><td>自走式玉米联合收获机</td><td>部件名称</td><td>驱动链轮组合</td><td>共 2 页</td><td>第 1 页</td></tr>
<tr><td rowspan="2">工序号</td><td rowspan="2">装配内容</td><td rowspan="2">装配顺序</td><td colspan="4">所需配件</td><td rowspan="2">技术要求</td><td rowspan="2">工艺装备</td><td rowspan="2">辅助材料</td></tr>
<tr><td>序号</td><td>代号或分装件</td><td>名称</td><td>单件数量</td></tr>
<tr><td rowspan="17"></td><td rowspan="17">驱动链轮组合装配</td><td rowspan="17"></td><td>1</td><td>GB/T 5783</td><td>螺栓 M10×20</td><td>1</td><td rowspan="17">1. 装配前各轴承须加注锂基润滑脂
2. 螺栓 M10 扭紧力矩 33～55 N・m
3. 螺栓 M12 扭紧力矩 60～100 N・m
4. 螺栓 M8 扭紧力矩 17～28 N・m</td><td rowspan="17">1. 气动扳手 B12
2. 套筒 13、套筒 16
3. 双头呆扳手 16-18
4. 双头呆扳手 13-15
5. 压装液压机 Y41-40T</td><td rowspan="17"></td></tr>
<tr><td>2</td><td>GB/T 93</td><td>垫圈 10</td><td>1</td></tr>
<tr><td>3</td><td>Y7-284001</td><td>轴端挡圈</td><td>1</td></tr>
<tr><td>4</td><td>GB/T 893.1</td><td>挡圈 72</td><td>1</td></tr>
<tr><td>5</td><td>GB/T 276</td><td>轴承 6207-2RS</td><td>2</td></tr>
<tr><td>6</td><td>Y7-288009</td><td>隔套</td><td>1</td></tr>
<tr><td>7</td><td>Y7-283004</td><td>轴座</td><td>1</td></tr>
<tr><td>8</td><td>Y7-286006</td><td>链轮轴</td><td>1</td></tr>
<tr><td>9</td><td>GB/T 1096</td><td>键 10×40</td><td>1</td></tr>
<tr><td>10</td><td>Y7-286007</td><td>37 齿链轮</td><td>1</td></tr>
<tr><td>11</td><td>GB/T 5783</td><td>螺栓 M8×30</td><td>5</td></tr>
<tr><td>12</td><td>GB/T 93</td><td>垫圈 8</td><td>5</td></tr>
<tr><td>13</td><td>Y7-283003</td><td>曲柄</td><td>1</td></tr>
<tr><td>14</td><td>GB/T 5786</td><td>螺栓 M12×1.5×30</td><td>1</td></tr>
<tr><td>15</td><td>GB/T 93</td><td>垫圈 12</td><td>1</td></tr>
<tr><td></td><td></td><td></td><td></td></tr>
<tr><td></td><td></td><td></td><td></td></tr>
</table>

标记	处数	更改文件号	签字	日期	标记	处数	更改文件号	签字	日期	编制(日期)	校对(日期)	审核(日期)	标准化(日期)	会签(日期)

3. 学徒关键职业能力及职业品质、工匠精神评价

项目	等级			
	A	B	C	D
工作态度				
吃苦耐劳				
团队协作				
沟通交流				
学习钻研				
认真负责				
诚实守信				

4. 学徒对工作过程的反思：

____

____

____

____

____

岗位工作任务三　销连接的装配

【任务描述】

在师傅指导带领下进行玉米联合收获机不对行割台装配时，学习零件之间的销连接装配。通过学习，掌握识别销连接的常见种类和主要应用场合，正确掌握圆柱销连接和圆锥销连接的装配。

【任务分析】

销是一种标准件，其形状和尺寸均已标准化、系列化。销连接主要用于零件之间的定位、连接或锁定零件，有时还可起到安全保险作用，适于传递不大的载荷。

一、基础知识

1. 销连接

销连接是指用销将被连接件连成一体的可拆连接，可传递不大的载荷，有时也作为过载剪断的保险零件，应用广泛。常见的销连接类型有圆柱销连接、圆锥销连接、开口销连接三种。

(1)圆柱销连接。一般依靠圆柱销过盈固定在孔中进行连接，用以固定零件、传递动力或作为定位元件。进行圆柱销接连时，在两被连接零件相对位置调整、紧固的情况下，才能对两被连接件同时钻孔、铰孔，孔壁表面粗糙度小于 Ra 1.6 μm，以保证连接质量。其要求如下：

①所采用的圆柱铰刀必须保证在圆柱销打入时有足够的过盈量。

②圆柱销打入前应做好孔的清洁工作，销上涂机油后方可打入。

③圆柱销装入后不能多次装拆，以防影响连接精度及连接的可靠性。

(2)圆锥销连接。在两被连接件相对位置调整、紧固的情况下，才能对两被连接件同时钻孔、铰孔，钻头直径为圆锥销的小端直径，铰刀锥度为 1∶50，定位精度高，允许多次装拆，且便于拆卸。其要求如下：

①铰刀铰入深度以圆锥销自由插入后，大端部露出工件表面 3～4 mm 为宜。做好锥孔清洁工作，圆锥销涂上机油插入孔内后，再用锤子打入，销的大端露出不超过倒角，有时要求与被连接件一样平。

②一般定位用的定位销均为两个，注意两个销的装入深度基本要求一致。

③销在拆卸时，一般从一端向外敲击即可，有螺尾的圆锥销可用螺母旋出，拆卸带内螺纹的销时可采用拔销器拔出。

(3)开口销连接。开口销是一种防松零件，不起定位作用，常与槽形螺母合用，锁紧其他紧固件。开口销结构简单，工作可靠，装拆方便。

2. 销的材料

销大多用 30 钢、45 钢制成，其形状和尺寸已标准化。销孔大多采用铰刀加工。

二、实操训练

【主要任务】用圆锥销连接完成两平板的装配。

【任务要求】锥孔小端直径为 10 mm，锥度为 1∶50，装配时应对孔进行涂色检查，其接触率不应小于配合长度的 60%，并应分布均匀，如图 3-13 所示。

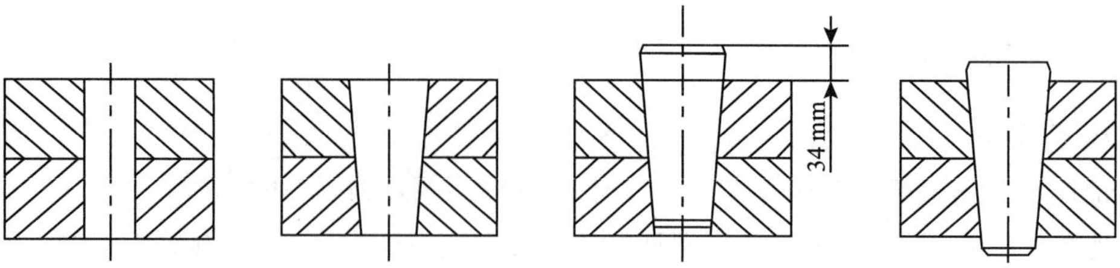

(a)钻孔　(b)铰孔　(c)用圆锥销试配销孔尺寸　(d)装上销子

图 3-13　圆锥销连接装配

【实操指导】首先在两装配件上钻孔、铰孔；其次检查、清洁、试装；再将销压装入装配件，最后拆卸圆锥销。钻孔和铰孔时，被连接的两孔也应同时钻铰，用试装法控制孔径，孔径大小以圆锥销能自由地插入全长的80%～85%为宜。

【实操内容】

任务一　钻孔、铰孔

先在一个装配件上画出两个销孔的中心，将两装配件叠在一起在钻床上夹紧，用 ϕ8 mm 麻花钻钻出孔，再用 ϕ9.8 mm 的扩孔刀扩孔，最后用 ϕ10 mm 锥度为 1∶50 的锥铰刀铰孔。

任务二　检查、清洁、试装

检查销、装配件是否有毛刺并清洁；将圆锥销涂上机油试插入装配件，对齐两装配件。

任务三　装配与拆卸

装配时用锤子敲入销，销头部应与被连接件表面齐平或露出不超过倒角值，两销装入深度基本一致。拆卸圆锥销时，可从小头向外敲击。

三、实操记录与评价

1. 制订工作计划

师傅指导记录	制订工作计划质量评价	评价成绩
		年　月　日

2. 学徒岗位工作任务实施表

装配工艺过程卡片(分装)	产品型号	Y7	部件图号	Y7-17C	版本号	S02	
	产品名称	自走式玉米联合收获机	部件名称	不对行割台	共 2 页	第 1 页	

工序号	装配内容	装配顺序	所需配件 序号	代号或分装件	名称	数量	技术要求	工艺装备	辅助材料
割台连接	割台装配（割台吊装）	①吊装割台 ②安装割台动力输入链条，调节其松紧度后安装左、右链条护板	1	分装	割台装配	1	1. 整机装配后，保证各传动面误差不超过 2 mm 2. 安装后安全卡焊合应放下	1. 手钳 2. 气动扳手 B12 3. 套筒 16 4. 双头呆扳手 16-18	
			2	Y7-172001	回转套	1			
			3	4LQ2. 5-61117	弹簧销	2			
			4	GB/T 882	销轴 B20×150	2			
			5	GB/T 91	销 5×36	2			
			6	GB/T 882	销轴 B20×80	1			
			7	GB/T 97. 1	垫圈 20	2			
			8	GB/T 882	销轴 B20×105	1			
			9	GB/T 882	销轴 B10×95	1			
			10	4LQ2. 5-61117	弹簧销	1			
			11	Y4-12-11	安全卡焊合	1			
			12	Y7-11-07-03A	链条护罩焊合	2			
			13	GB/T 1243	滚子链 12A-1×106	2			
			14	GB/T 5789	螺栓 M10×30	6			
			15	GB/T 97. 1	垫圈 10-140Hv	6			
			16	GB/T 889	螺母 M10	6			
			17						
			18						

标记	处数	更改文件号	签字	日期	标记	处数	更改文件号	签字	日期	编制(日期)	校对(日期)	审核(日期)	标准化(日期)	会签(日期)

3. 学徒关键职业能力及职业品质、工匠精神评价

项目	等级			
	A	B	C	D
工作态度				
吃苦耐劳				
团队协作				
沟通交流				
学习钻研				
认真负责				
诚实守信				

4. 学徒对工作过程的思考

岗位工作任务四　过盈连接的装配

【任务描述】

在师傅指导下进行玉米联合收获机张紧轮组合装配时，学习零件之间的过盈连接装配。通过学习，掌握识别过盈连接的常见种类和主要应用场合，正确装配圆锥销连接。

【任务分析】

过盈连接是利用零件间的过盈配合来实现连接的。过盈连接同轴度高、对中性好、承载能力强，并能承受冲击和振动载荷，主要适用于受冲击载荷零件连接以及拆卸较少零件的连接。

一、基础知识

1. 过盈连接

过盈连接是利用包容件与被包容件的径向变形使配合面间产生较大压力，从而靠摩擦力来传递载荷的连接。

其优点是结构简单，定心精度好，可承受转矩、轴向力或两者复合的载荷，而且承载能力高，在冲击振动载荷下也能较可靠的工作；缺点是过盈连接配合表面的加工精度要求高，装拆较困难，配合面边缘处应力集中较大。过盈连接主要用在重型机械、起重机械、船舶、机车及通用机械制造中，且多用中等和大尺寸。

常见的过盈连接有圆柱面连接、圆锥面连接和其他形式的配合面连接等。如图 3-14 所示。

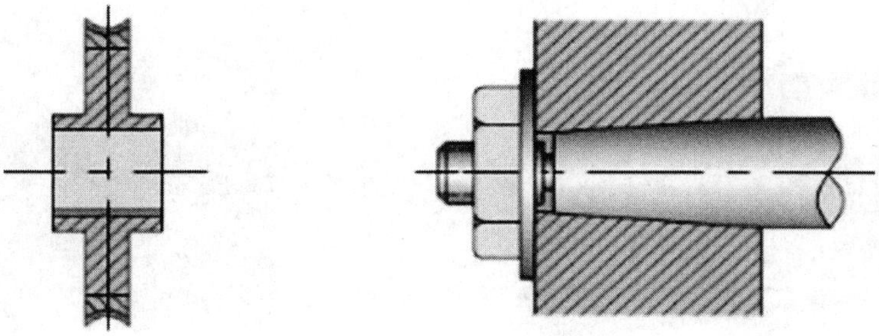

图 3-14　过盈连接

2. 过盈连接的装配方法

圆柱面过盈连接一般有压入法和温差法两种，圆锥面过盈连接一般有螺母压紧法和液压套合法两种。

(1)压入法。利用压力机将被包容件压入包容件中，由于压入过程中表面微观不平度的峰尖被擦伤或压平，因而降低了连接的紧固性。如图 3-15 所示。

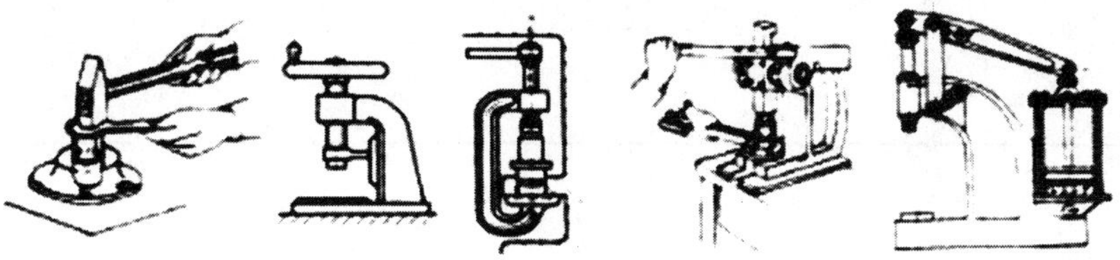

图 3-15　压入法及设备

压入法装配的压入力大小与零件的尺寸、刚性、过盈量有关。一般根据现有工具和压力机情况采用试验的方法进行；在试验压入时按零件压入所需压力，选择液压千斤顶。压入时要保持零件干净，并在配合面上涂一层机油。安放零件要端正，以免压入时发生偏斜、拉毛、卡住等现象。

(2)温差法。即加热包容件，冷却被包容件，然后进行连接。温差法可避免擦伤连接表面，使连接牢固。

加热零件时，油中加热，温度可达 90 ℃左右；水中加热，温度可达 100 ℃左右；电器加热，温度可控制在 75～200 ℃。对薄壁套类的连接，条件具备时常采用冷却轴的方法进行装配，冷却剂有干冰、液态空气、液态氮、液态氨等。过盈量较小的小直径零件，可用锤子借助铜棒或衬垫敲击压入件进行装配。感应加热器如图 3-16 所示。

图 3-16　感应加热器

二、学习记录与评价

1. 制订工作计划

师傅指导记录	制订工作计划质量评价	评价成绩
		年　月　日

2. 学徒岗位工作任务实施表

	装配工艺过程卡片(分装)	产品型号	Y7	部件图号	Y7-22-26	版本号	S02
		产品名称	自走式玉米联合收获机	部件名称	张紧轮组合	共 2 页	第 1 页

<table>
<tr><th rowspan="2">工序号</th><th rowspan="2">装配内容</th><th rowspan="2">装配顺序</th><th colspan="5">所需配件</th><th rowspan="2">技术要求</th><th rowspan="2">工艺装备</th><th rowspan="2">辅助材料</th></tr>
<tr><th>序号</th><th>代号或分装件</th><th>名称</th><th>单件数量</th><th>单台数量</th></tr>
<tr><td rowspan="17"></td><td rowspan="17">张紧轮
组合装配</td><td rowspan="17">① 依次将挡圈 52、轴承 6205、黄油、挡圈 52 安装在张紧链轮里
② 依次安装轴座、螺栓、垫圈、螺母在轴承内</td><td>1</td><td>Y7-226025</td><td>张紧轮链轮</td><td>1</td><td>2</td><td rowspan="17">1. 轴承内部装满黄油</td><td rowspan="17">1. 气动扳手 B16
2. 套筒 18
3. 双头呆扳手 16-18
4. 卡簧钳
5. 压装液压机 Y41-16T</td><td rowspan="17">黄油</td></tr>
<tr><td>2</td><td>GB/T 893.1</td><td>挡圈 52</td><td>2</td><td>4</td></tr>
<tr><td>3</td><td>GB/T 276</td><td>轴承 6205-2RS</td><td>1</td><td>2</td></tr>
<tr><td>4</td><td>Y7-226026</td><td>轴座</td><td>1</td><td>2</td></tr>
<tr><td>5</td><td>GB/T 12</td><td>螺栓 M12×65</td><td>1</td><td>2</td></tr>
<tr><td>6</td><td>GB/T 6170</td><td>螺母 M12</td><td>1</td><td>2</td></tr>
<tr><td>7</td><td>GB/T 93</td><td>垫圈 12</td><td>1</td><td>2</td></tr>
<tr><td>8</td><td>Y7-224055</td><td>垫圈</td><td>1</td><td>2</td></tr>
<tr><td>9</td><td></td><td></td><td></td><td></td></tr>
<tr><td>10</td><td></td><td></td><td></td><td></td></tr>
<tr><td>11</td><td></td><td></td><td></td><td></td></tr>
<tr><td>12</td><td></td><td></td><td></td><td></td></tr>
<tr><td>13</td><td></td><td></td><td></td><td></td></tr>
<tr><td>14</td><td></td><td></td><td></td><td></td></tr>
<tr><td></td><td></td><td></td><td></td><td></td></tr>
<tr><td></td><td></td><td></td><td></td><td></td></tr>
<tr><td></td><td></td><td></td><td></td><td></td></tr>
</table>

标记	处数	更改文件号	签字	日期	标记	处数	更改文件号	签字	日期	编制(日期)	校对(日期)	审核(日期)	标准化(日期)	会签(日期)

3. 学徒关键职业能力及职业品质、工匠精神评价

项目	等级			
	A	B	C	D
工作态度				
吃苦耐劳				
团队协作				
沟通交流				
学习钻研				
认真负责				
诚实守信				

4. 学徒对工作过程的思考

____

____

____

____

第二节　机械传动机构的装配与调整

机械传动机构可以将动力所提供的运动的方式、方向或速度加以改变、被人们有目的地加以利用，在机床、汽车、装配生产线、矿山等机械中应用广泛。

传动机构类型较多，常见有带传动、链传动、齿轮传动、蜗杆传动、螺旋传动、液压传动和联轴器与离合器传动等。

岗位工作任务一　带传动机构的装配与调整

【任务描述】

明确带传动机构作用、装备技术要求，掌握带传动机构的装配工艺要求，掌握传动机构装备方法和装备后的检验、调整。

【任务分析】

机械传动是利用机械方式传递动力和运动的传动。一般有依靠机件间摩擦力传递动力的摩擦动力传动和依靠主动件与从动件啮合或借助中间件啮合传递动力或运动的啮合传动两类。带传动机构就是利用摩擦力来传递动力的机械装备。

一、基础知识

1. 带传动

带传动是常用的一种机械传动，它依靠柔性的带(或称传动带)与带轮间的摩擦力来传递运动和动力。根据传动原理不同，带传动可分为依靠带与带轮间摩擦力传动的摩擦型带传动和依靠带与带轮上的齿相互啮合传动的同步带传动。摩擦型传动带根据其截面形状的不同又分平带、V 带和特殊带(多楔带、圆带)等。V 带在机械传动中应用十分广泛，如图 3-17 所示，本书重点介绍 V 带传动。

图 3-17　带传动

带传动通常由主动轮、从动轮和张紧在两轮上的环形带组成，具有结构简单、工作平稳、噪声小、缓冲吸震、能过载保护、维护容易并能适应两轴中心距较大的传动等优点，但也存在容易打滑、传动比不准确、传动比效率低、带的寿命短等缺点。

2. 带传动机构装配技术要求

V 带轮在轴上应没有歪斜和跳动，两轮中间平面应重合；V 带在小带轮上的包角不能小于 120°，张紧度要适当，且调整方便。

3. 带轮的装配

(1)装配前准备工作。带轮与轴装配前，要检查带轮的径向圆跳动量和轴向圆跳动量，如图 3-18 所示。

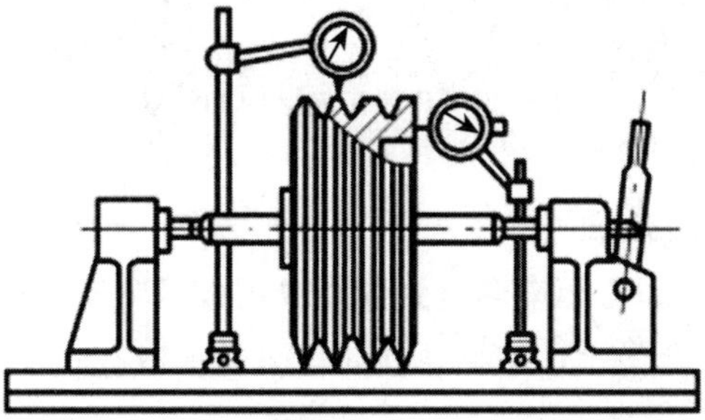

图 3-18　带轮圆跳动量的检查

(2)带轮的装配。带轮孔与轴为过渡配合,有少量过盈,同轴度较高,并且用紧固件做轴向固定。固定形式如图 3-19 所示。

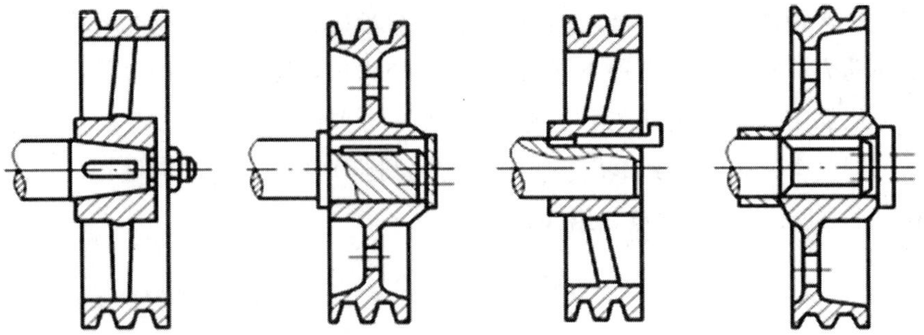

(a)圆锥形轴头连接　(b)平键连接　(c)楔键连接　(d)花键连接

图 3-19　带轮在轴上的固定形式

(3)带轮位置调整。安装时两轮轴线应相互平行,各带轮轴线的平行度公差应小于 $0.006a$(a 为轴间距);两轮相对应的 V 形槽的对称平面应重合,误差不得超过 $20'$,否则将加剧带的磨损,甚至使带从带轮上脱落。同时还应检查两带轮相对位置是否正确。

4. V 带的装配

安装 V 带时,先将其套在小带轮轮槽中,然后套在大轮上,边转动大轮边用一字槽螺钉旋具将带拨入带轮槽中。装好后的 V 带在轮槽中的正确位置如图 3-20 所示。

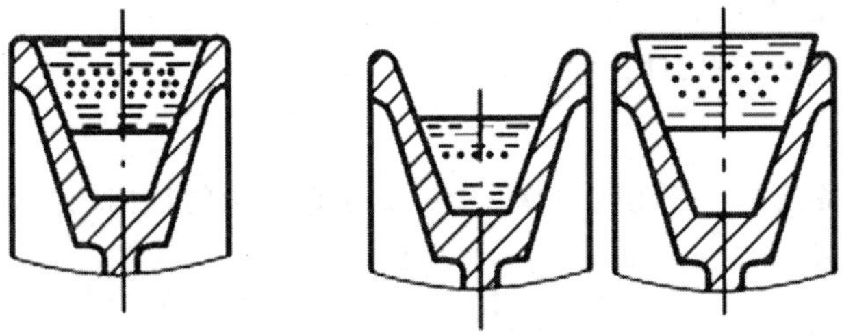

正确　错误

图 3-20　V 带在轮槽中的位置

5. V 带张紧力的调整方法

V 带常用改变两带轮中心距来调整张紧力或用张紧轮来调整张紧力。

(1)张紧力的检测。一般可根据经验判断张紧力是否合适。用大拇指按在 V 带切边处中点,能将 V 带按下 15 mm 左右即可;也可使用张力测试仪进行检测。张紧力的检测如图 3-21 所示。

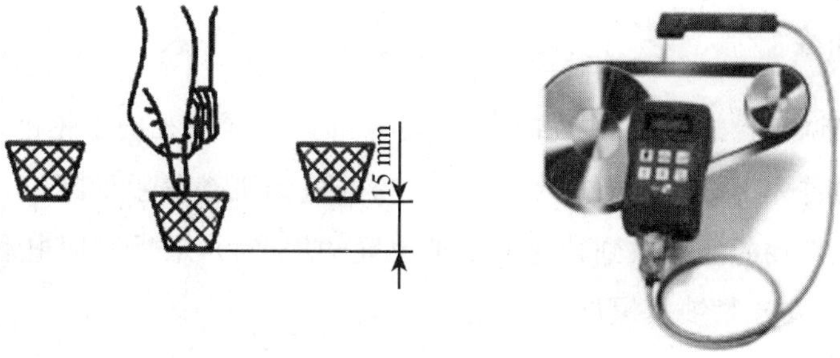

图 3-21 张紧力的检查

(2)张紧力的调整。由于传动带的材料不是完全的弹性体,因而传动带在工作一段时间后会发生塑性伸长而松弛,使张紧力降低。为了保证带传动的能力,应定期检查张紧力的数值,发现不足时,必须重新张紧,使其正常工作。因此,V 带需要进行张紧力的调整。

①两带轮中心距的调整。适用于带轮中心距可调的场合,调整方法有定期张紧调整和自动张紧调整两种方法,如图 3-22 所示。

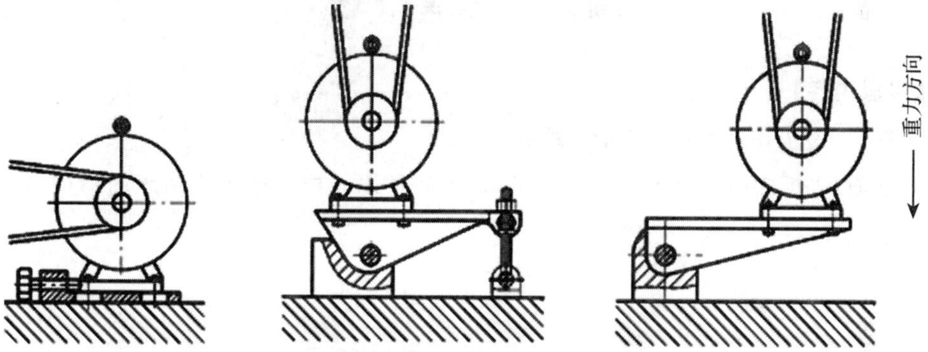

图 3-22 两带轮中心距的调整

②加装张紧轮的调整。适用于带轮中心距不可调的场合。如图 3-23 所示。

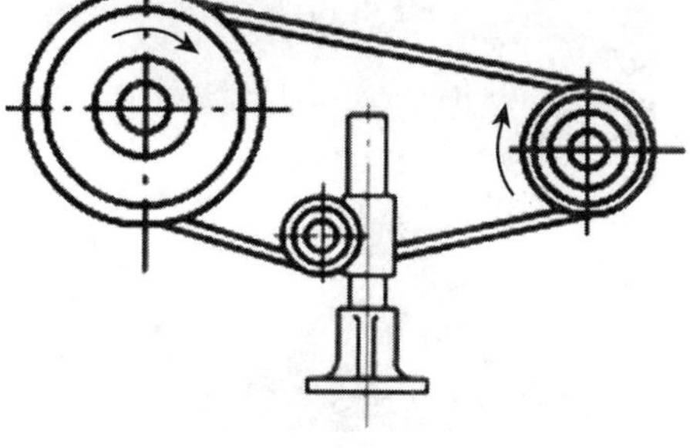

图 3-23 加装张紧轮的调整

二、实操训练

【主要任务】调整台式钻床的 V 带传动，使 V 带与不同直径的带轮进行连接。

【实操指导】首先拆卸锁紧螺母和防护罩，松开电动机锁紧手柄螺钉，再把 V 带按 V 带轮大直径到小直径的顺序放到转速的要求位置（图 3-24），最后紧固电动机锁紧手柄或螺丝，装配防护罩并拧紧锁紧螺母。

重点：明确主动轮带动从动轮的顺序。

难点：孔的直径要求不同，所用麻花钻大小不同，转速也就不同，所以要明确转速。

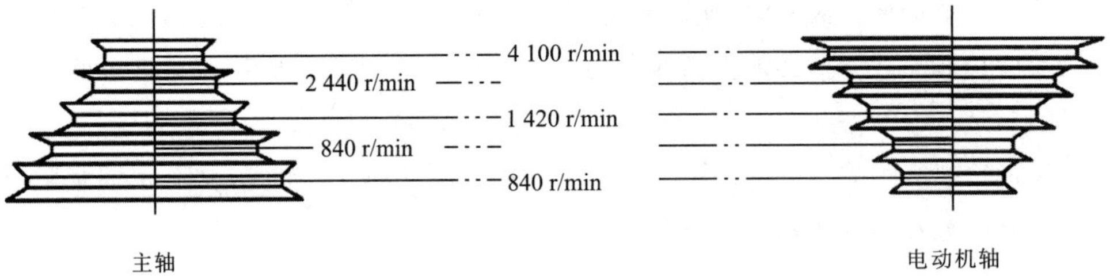

图 3-24　台式钻床速度调节

【实操内容】

任务一　松开电动机锁紧手柄或螺钉

调整前，先拆卸防护罩上的锁紧螺母，取下防护罩。再根据台式钻床的结构，松开电动机锁手柄或螺钉，如图 3-25 所示。

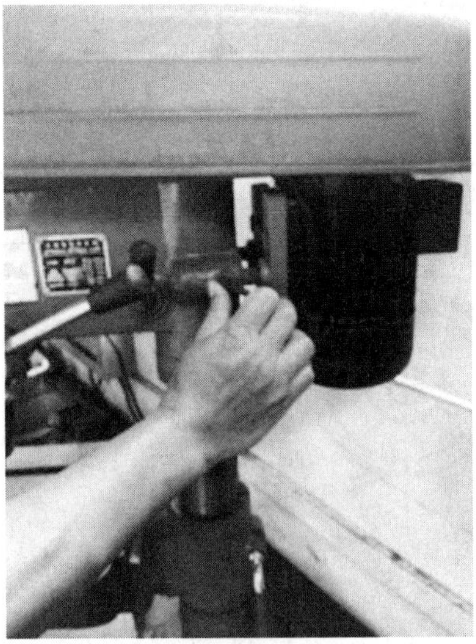

图 3-25　松开电动机锁紧手柄或螺钉

任务二　调整台式钻床速度

把V带轮按V带轮大直径到小直径的顺序放到所需转速相应的V带轮轮槽位置，如图3-26所示。

图3-26　调整台式钻床速度

任务三　紧固电动机锁紧手柄或螺钉

确定V带在V带轮轮槽的位置正确，且张紧力适当后，紧固电动机锁紧手柄或螺钉，装配防护罩并拧紧锁紧螺母。

三、实操记录与评价

1. 制订工作计划

师傅指导记录	制订工作计划质量评价	评价成绩
		年　月　日

2. 学徒岗位工作任务实施表

	装配工艺过程卡片(分装)		产品型号	Y7-00		部件图号	Y7-43-04	版本号	S02
			产品名称	自走式玉米联合收获机		部件名称	换向箱	共 2 页	第 1 页
工序号	装配内容	装配顺序	所需配件				技术要求	工艺装备	辅助材料
			序号	代号或分装件	名称	数量			
	换向箱装配	①安装主传动带轮到T12减速箱上 ②安装后升主带轮及后传动带轮 ③用螺栓M10×25、垫圈、挡圈将带轮固定 ④安装通气帽	1	Y7-434014	带轮挡圈	2	1. 螺栓M10扭紧力矩33～56 N·m	1. 气动扳手B12 2. 套筒16 3. 双头呆扳手16～18	
			2	GB/T 93	垫圈 10	4			
			3	GB/T 5783	螺栓 M10×30	4			
			4	Y7-431003	主传动带轮	1			
			5	WG-00007	T12 减速箱(Y7)	1			
			6	Y7-431004	后升主带轮	1			
			7	Y7-431005	后传动带轮	1			
			8	Y7-431009	小风机带轮	1			
			9		通气帽	1			
			10						
			11						
			12						
			13						
			14						

标记	处数	更改文件号	签字	日期	标记	处数	更改文件号	签字	日期	编制(日期)	校对(日期)	审核(日期)	标准化(日期)	会签(日期)

3. 学徒关键职业能力及职业品质、工匠精神评价

项目	等级			
	A	B	C	D
工作态度				
吃苦耐劳				
团队协作				
沟通交流				
学习钻研				
认真负责				
诚实守信				

4. 学徒对工作过程的思考

____

____

____

____

岗位工作任务二　链传动机构的装配与调整

【任务描述】

通过对套筒滚子链传动机构进行装配及链轮在轴上的固定，学会链传动机构的装配与调整。能够明确链传动机构的作用和装配技术要求，掌握链传动机构的装配工艺要求，掌握链传动机构的装配和装配的检验和调整。

一、基础知识

1. 链传动

通过链条将具有特殊齿形的主动链轮的运动和动力传递到具有相同特殊齿轮的从动链轮的传动方式称为链传动，如图 3-27 所示，它是利用链与链轮轮齿的啮合来传递动力和运动的机械传动。

链传动的优点是平均传动比较准确，工作可靠，效率高；传动功率大，过载能力强，相同工况下的传动尺寸小；所需张力小，作用于轴上的压力小；能在高温，潮湿，多尘，有污染等恶劣环境中工作。但链传动仅能用于平行轴间的传动，且成本高，易磨损，易伸长，传动平稳性差，运行时会产生附加动载荷、震动、冲击和噪声，不宜用在急速反向的传动中。

图 3-27 链传动

2. 链传动的工作原理

链传动机构由主动链轮、链条和从动链轮组成，如图 3-28 所示，链轮上制有特殊齿形的齿。

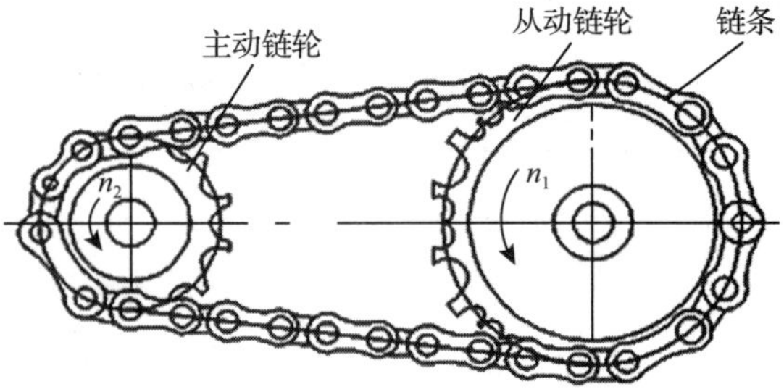

图 3-28 链传动机构

链条一般为金属的链环或环形物。按不同的用途和功能可区分为用于传递动力的传动链条，用于输送物料的输送链条，用于拉拽和起重的曳引链条和用于专用机械装置上具有特殊功能和结构的专用特种链条四种，如图 3-29 所示。

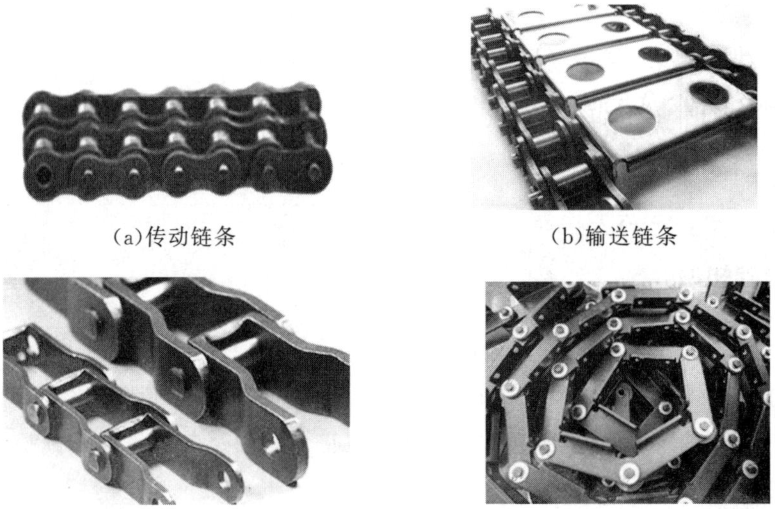

(a)传动链条 (b)输送链条 (c)曳引链条 (d)专用特种链条

图 3-29 链条

3. 链传动机构的装配要求

(1)链轮的两轴必须平行。两轴不平行，将加剧链条和链轮的磨损，降低传动平稳性，使噪声增大。链轮两轴线平行度的检查如图 3-30 所示，通过测量 A、B 的尺寸来确定误差。

(2)两链轮的轴向偏移量必须在要求范围。一般中心距小于 500 mm 时，允许偏移量 a 为 1 mm，当中心距大于 500 mm 时，允许偏移量 a 为 2 mm。其检查方法如图 3-31 所示，轴向偏移量可用直尺法或拉线法检查。

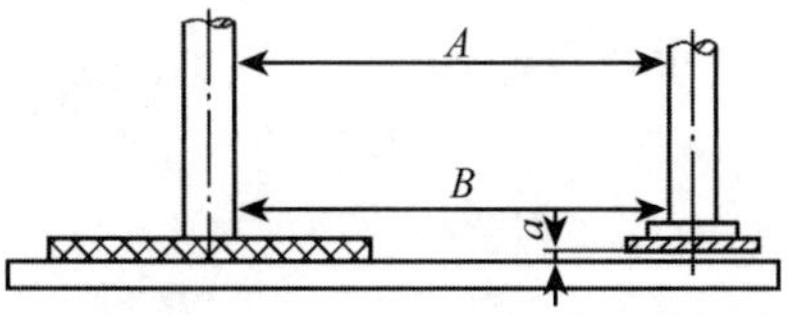

图 3-30　两链轮轴线平行度检查

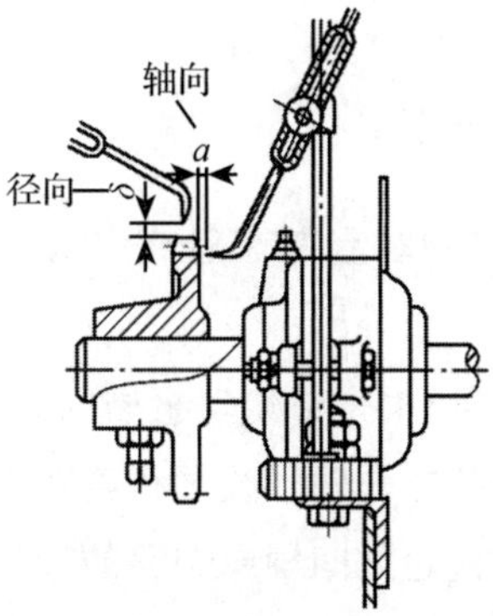

图 3-31　链轮跳动量的检测

(3)套筒滚子链链轮的跳动量应符合表 3-1 所示数值要求。跳动量可用划针盘或百分表检查。

表 3-1　套筒滚子链链轮的跳动量　mm

链轮直径	套筒滚子链链轮的跳动量	
	径向圆跳动	轴向圆跳动
<100	0.25	0.3
100～200	0.5	0.5
200～300	0.75	0.8
300～400	1.0	1.0
>400	1.2	1.5

(4)链条的下垂度要适当。链条过紧会加剧磨损，过松容易产生脱链或振动。链条下垂度的检测方法如图 3-32 所示。一般水平传动时，下垂度 $f=0.2L$；链垂直放置时，$f\leqslant 0.002L$，L 为两链轮的中心距。

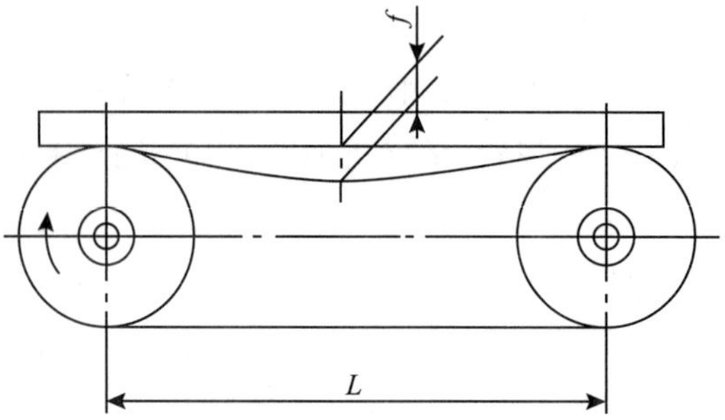

图 3-32　链条下垂度的检测

二、实操训练

【主要任务】对套筒滚子链传动机构进行装配，在轴上固定链轮，对链条两端进行接合。

【实操指导】根据链传动机构的装配工作要求执行操作。

重点：调整链轮两轴线平行度在允许范围内。

难点：两链轮之间轴向偏移的调整。

【实操内容】

任务一　在轴上固定链轮。

链轮在轴上的固定方法有两种。

(1)键与紧圆螺钉固定。用键连接后，再用紧定螺钉固定，如图 3-33a 所示。

(2)圆锥销固定。链轮与轴装配后，先钻孔，再用锥绞刀进行绞削，装入圆锥销，如图 3-33b 所示。

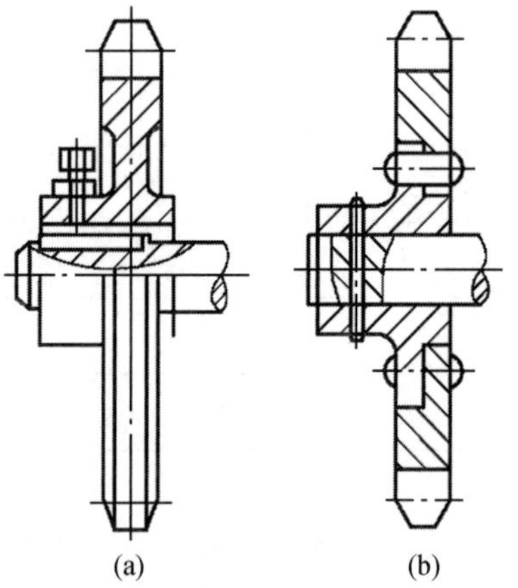

图 3-33　链轮的固定方法

任务二　安装链条

套筒滚子链链条节数为偶数时，常用开口销固定活动销轴、用弹簧卡片固定活动销轴两种接头形式，如图 3-34a、图 3-34b 所示。

如链节为奇数节时，则采用图 3-34c 所示的过渡链节接头形式。这种过渡链节的柔性较好，具有缓冲和吸振作用，但这种链板会受到附加的弯曲作用，所以应尽量避免使用奇数链节。对于链条两端的接合，如两轴中心距可调节且链轮在轴端时，可以预先将链节接好，再装到链轮上。

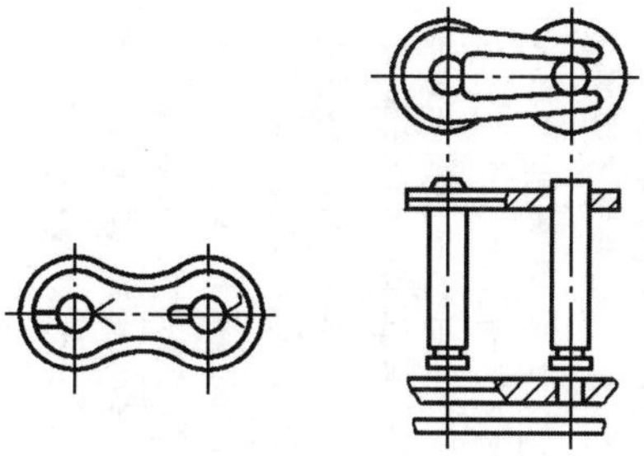

(a)　(b)　(c)

图 3-34　套筒滚子链的接头形式

如果结构不允许链条预先将接头连接好，则必须先将链条套在链轮上，再利用专用的拉紧工具接好链节，如图 3-35 所示。

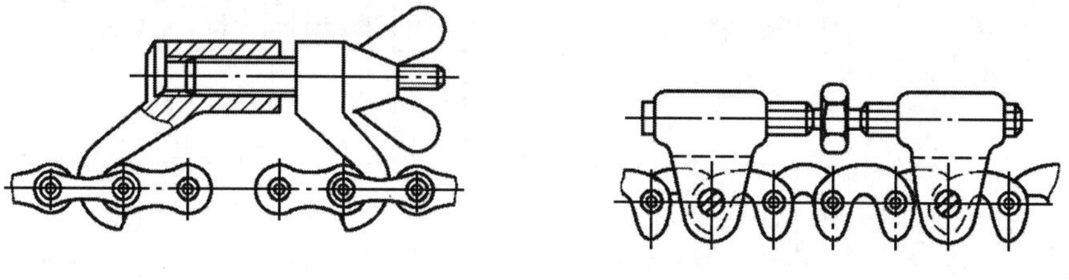

(a)　(b)

图 3-35　用拉紧工具接好链节

三、实操记录与评价

1. 制订工作计划

师傅指导记录	制订工作计划质量评价	评价成绩
		年　月　日

2. 学徒岗位工作任务实施表

<table>
<tr><td colspan="2" rowspan="2"></td><td colspan="2" rowspan="2">装配工艺过程卡片(分装)</td><td colspan="2">产品型号</td><td colspan="2">Y7</td><td>部件图号</td><td>Y7-26-12</td><td>版本号</td><td>S02</td></tr>
<tr><td colspan="2">产品名称</td><td colspan="2">自走式玉米联合收获机</td><td>部件名称</td><td>后升运器(斜)</td><td>共 2 页</td><td>第 1 页</td></tr>
<tr><td rowspan="2">工序号</td><td rowspan="2">装配内容</td><td rowspan="2">装配顺序</td><td colspan="4">所需配件</td><td rowspan="2" colspan="2">技术要求</td><td rowspan="2" colspan="2">工艺装备</td><td rowspan="2">辅助材料</td></tr>
<tr><td>序号</td><td>代号或分装件</td><td>名称</td><td>数量</td></tr>
<tr><td rowspan="19"></td><td rowspan="19">后升运器(斜)装配</td><td rowspan="19">①安装一端轴承,后装入后升运器主动轴焊合,镶入另一端轴承
②安装 18 齿链轮
③安装后升运器被动链轮、间套及后升运器被动轴,装入一端调节座焊合,然后装入另一端调节座焊合
④安装后隔板焊合
⑤安装前活动隔板焊合
⑥安装挡板支轴及开口销
⑦安装后升运链组合(斜)
⑧调节链条张紧度
⑨安装导粮槽</td><td>1</td><td>Y7-266016</td><td>18 齿链轮</td><td>1</td><td rowspan="19" colspan="2">1. 装配前,各轴承应加注锂基润滑脂
2. 升运器链条应张紧适度,并保证升运链转动灵活
3. 导粮槽根据升运器与粮仓的间隙来调整
4. 螺栓 M10 扭紧力矩 33～55 N・m
5. 螺栓 M12 扭紧力矩 60～100 N・m
6. 螺栓 M8 扭紧力矩 17～28 N・m</td><td rowspan="19" colspan="2">1. 气动扳手 B16
2. 套筒 18、套筒 16、套筒 13
3. 双头呆扳手 13-15
4. 双头呆扳手 16-18
5. 手锤</td><td rowspan="19"></td></tr>
<tr><td>2</td><td>Y7-304004</td><td>轴端挡圈</td><td>1</td></tr>
<tr><td>3</td><td>GB/T 5783</td><td>螺栓 M10×20</td><td>1</td></tr>
<tr><td>4</td><td>GB/T 1096</td><td>键 10×36</td><td>1</td></tr>
<tr><td>5</td><td>GB/T 7810</td><td>带凸台圆形座偏心套球轴承 UELFC207</td><td>2</td></tr>
<tr><td>6</td><td>Y7-26-12-01</td><td>后升运器壳体焊合(斜)</td><td>1</td></tr>
<tr><td>7</td><td>Y7-26-01-02C</td><td>后升运器主动轴焊合</td><td>1</td></tr>
<tr><td>8</td><td>Y7-26-12-02</td><td>下隔板焊合</td><td>1</td></tr>
<tr><td>9</td><td>Y7-264114</td><td>壳体活底板(斜)</td><td>1</td></tr>
<tr><td>10</td><td>GB/T 5782</td><td>螺栓 M12×50</td><td>8</td></tr>
<tr><td>11</td><td>GB/T 97.1</td><td>垫圈 12</td><td>10</td></tr>
<tr><td>12</td><td>GB/T 93</td><td>垫圈 12</td><td>8</td></tr>
<tr><td>13</td><td>GB/T 6170</td><td>螺母 M12</td><td>10</td></tr>
<tr><td>14</td><td>GB/T 5783</td><td>螺栓 M10×25</td><td>4</td></tr>
<tr><td>15</td><td>Y7-26-12-03</td><td>后升运链组合(斜)</td><td>1</td></tr>
<tr><td>16</td><td>GB/T 5783</td><td>螺栓 M8×20</td><td>6</td></tr>
<tr><td>17</td><td>GB/T 97.1</td><td>垫圈 8</td><td>10</td></tr>
<tr><td>18</td><td>GB/T 93</td><td>垫圈 8</td><td>10</td></tr>
<tr><td>19</td><td>GB/T 6170</td><td>螺母 M8</td><td>10</td></tr>
</table>

续表

	装配工艺过程卡片(分装)	产品型号	Y7	部件图号	Y7-26-12	版本号	S02
		产品名称	自走式玉米联合收获机	部件名称	后升运器(斜)	共 2 页	第 2 页

工序号	装配内容	装配顺序	所需配件				技术要求	工艺装备	辅助材料
			序号	代号或分装件	名称	数量			
	后升运器(斜)装配		20	Y7-216001	调节螺杆	2			
			21	Y7-26-11-02	调节座焊合	2			
			22	Y7-264127	导粮槽	1			
			23	GB/T 801	螺栓 M8×20	4			
			24	GB/T 91	销 3.2×26	2			
			25	Y7-266001	挡板支轴	1			
			26	Y7-26-12-04	上活动隔板焊合	1			
			27	Y7-268002	间套	2			
			28	Y7-266002A	后升运器被动轴	1			
			29	GB/T 801	螺栓 M10×25	8			
			30	GB/T 97.1	垫圈 10	12			
			31	GB/T 93	垫圈 10	13			
			32	GB/T 6170	螺母 M10	12			
			33	GB/T 893.1	挡圈 55	4			
			34	GB/T 276	轴承 6006-2RS	2			
			35	Y7-263001A	后升运器被动链轮	2			

标记	处数	更改文件号	签字	日期	标记	处数	更改文件号	签字	日期	编制(日期)	校对(日期)	审核(日期)	标准化(日期)	会签(日期)

3. 学徒关键职业能力及职业品质、工匠精神评价

项目	等级			
	A	B	C	D
工作态度				
吃苦耐劳				
团队协作				
沟通交流				
学习钻研				
认真负责				
诚实守信				

4. 学徒对工作过程的思考

岗位工作任务三　齿轮传动机构的装配与调整

【任务描述】

明确齿轮装配的技术要求，合理安排齿轮传动机构的装配操作步骤，完成齿轮装配。通过学习，熟练掌握齿轮与轴之间的配合，掌握两齿合齿轮的中心距和轴线平行度的检查方法，掌握齿合间隙的检测方法。

【任务分析】

齿轮传动是机械传动中应用最广的一种形式，具有传动准，效率高，结构紧凑，工作可靠，寿命长的特点。

一、基础知识

1. 齿轮传动机构的装配技术要求

齿轮装配应注意以下要求：

(1)齿轮孔与轴配合要适当,不得有偏心或歪斜现象。

(2)中心距和齿侧间隙要正确。间隙过小,齿轮转动不灵活,甚至卡齿,会加剧齿面的磨损;间隙过大,换向空程大,则会产生冲击。

(3)相互啮合的两齿轮要有一定的接触面积和正确的接触部位。

(4)转速高的大齿轮,在装配到轴上后要进行平衡检查,以免工作时产生过大的振动。

2. 齿轮传动机构装配时的检测

对应齿轮精度标准,现代齿轮测量技术可以归纳为齿轮单项几何形状误差测量技术,齿轮综合误差测量技术,齿轮整体误差测量技术,齿轮在机测量技术以及齿轮激光测量技术五种类型。

齿轮装配过程中主要进行以下几项精度检测:

(1)齿轮箱箱体两齿合齿轮的中心距和轴线平行度检查。齿轮传动是在齿轮箱体或装置中进行的,因此齿轮箱体的制造精密度就成了齿轮安装误差最主要的来源。进行齿轮箱箱体两齿合齿轮的中心距和轴线平行度检查,可以用特制的游标尺来测量两轴承座孔的中心距,或利用检验心轴和内劲千分尺或游标卡尺进行测量。

(2)齿轮齿侧间隙的检查。齿轮的齿侧间隙可用来贮存润滑油,补偿齿轮尺寸加工误差和中心距的装配误差,以及补偿齿轮箱在工作时的热变形和弹性变形。一般齿侧间隙的检查方法有塞尺法、百分表法和铅丝法三种,如图 3-36 所示。

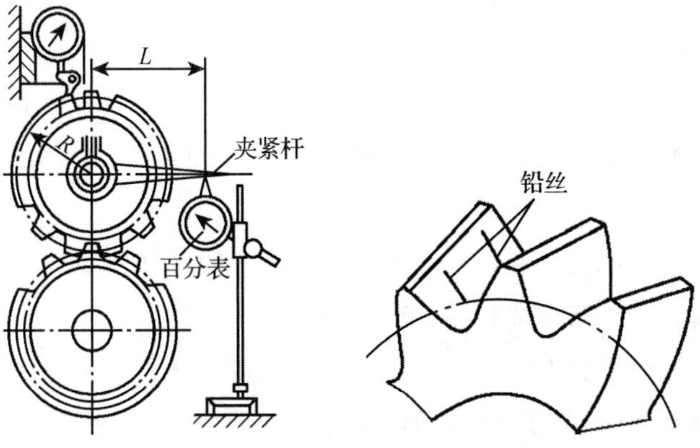

(a)　　(b)

图 3-36　百分表法和铅丝法检查齿轮的齿侧间隙

(3)齿轮啮合精度检查。齿轮的啮合精度(按照检测规范 GB/Z 18620.4—2008 进行)目前已可以用齿轮啮合检查仪进行检查。在一些单件、小批量、大型齿轮装配维修过程中,现场仍采用涂色法检查。涂色法中齿轮啮合斑点及相应问题原因及调整方法如表 3-2 所示。

表 3-2 齿轮啮合斑点分析

接触斑点	原因分析	调整方法	接触斑点	原因分析	调整方法
 正常接触			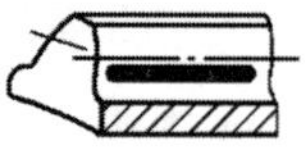	中心距太小	可在中心距允许范围内，刮削轴瓦或调整轴承座
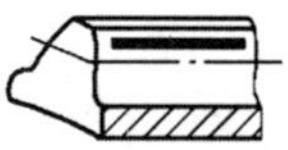	中心距太大	调节中心距	 同向偏接触	两齿轮轴线不平行	
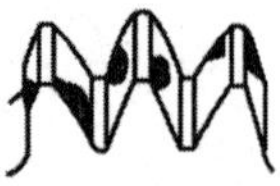 游离接触（在整个齿圈上接触区由一边逐渐移向另一边）	齿轮端面与回转中心线不垂直	检查并校正齿轮端面与回转中心线的垂直度	 异向偏接触	两齿轮轴线歪斜	
不规则接触（有时齿面在一个点接触，有时在端面边线上接触）	齿面有毛刺或碰伤隆起	去除毛刺，修整	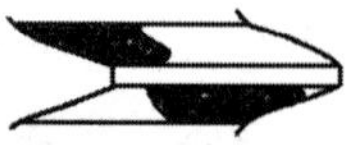 单面偏接触	两齿轮轴线不平行的同时歪斜	

涂色法检查所用的工具和材料有：

①清洗剂。

②印痕涂料。包括红丹；专用涂料；基础颜料和油的混合物；普鲁士蓝软膏；燃料渗透显示剂；喷雾器包装的白色粉剂，作为裂纹探伤检测渗透显示剂套件之一；画线用蓝油。

③记录工具。包括照相机和轮齿一样大小的透明胶带和白纸。

④标定用量具。包括精密垫片、塞尺、千分表。

涂色法检查测试程序如下：

①将准备测试的大齿轮用清洗剂彻底清洗，清除任何污物和残油。然后将小齿轮的三个或更多轮齿上涂一层薄的印痕涂料，使用硬毛刷操作。可以将普通 25 mm 宽度油漆刷子的硬毛修剪成大约 10 mm 长度，做成一把合适的刷子。涂层要薄而均匀，没有必要除掉所有的毛刷痕迹，因为测试时这些痕迹会被抹平。涂层厚度应为 5～15 μm。

②小齿轮的轮齿涂完后应盖起来，以免过于溅散，并在大齿轮跟小齿轮已经涂了涂料的啮合齿轮上喷一层薄薄的显像液膜。喷显像液是为了消除齿面反光，以便观察接触斑点的试验结果，不要制作一层会影响接触斑点真实性的厚膜。

③完成涂料涂刷后，操作者转动小齿轮，使涂有涂料的轮齿和大齿轮相啮合。由助手在大齿轮上施加一个反力矩保证接触，然后把齿轮反转到原来位置，在轮齿的背面做上记号，以便对接触斑点进行观察。这个操作程序至少要在大齿轮三个等距离的位置上重复地做，以显示由于摆动或其他周期性误差所产生接触斑点的差异。

涂色检查法的结果记录需要注意以下事项：

①得到的接触斑点要用拍照、画草图或透明胶带粘贴的方式记录下来，一步成像照相和透明胶带纸是最常用的方法。使用胶带时，应把透明胶带小心压在接触区域上，然后再小心地把它撕取下来贴在白纸上，这样接触斑点就被保存在胶带和白纸之间。接触斑点还可以用黑白或彩色的静电复印来复制。胶带上应编号，指明使用了哪一个轮齿，同时在接触斑点上注明方向，哪一面是齿面，哪是齿顶，哪是齿根。

②接触斑点的记录纸带可随现场装配的齿轮配件一起提供，与现场装配后的测试接触斑点做比较，验证装配是否正确。

二、实操训练

【主要任务】对圆柱齿轮和轴实施试装配的精度检查。

【实操指导】根据对圆柱齿轮和轴实施试装配前的精度检查任务要求，确定进行圆柱齿轮和轴装配配合情况检查、径向圆跳动检查和轴向圆跳动检查。

重点：圆柱齿轮和轴装配配合情况检查。

难点：径向圆跳动和轴向圆跳动检查。

【实操内容】

任务一　检查圆柱齿轮和轴装配的配合情况

根据齿轮和轴的装配要求进行检查，对装配中出现的齿轮偏心、歪斜和齿轮端面未紧贴轴肩等情况进行处理，如图 3-37 所示。

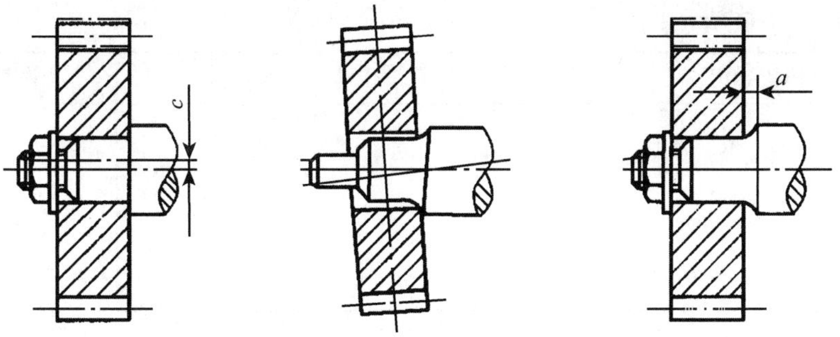

(a)齿轮偏心　　(b)歪斜　　(c)齿轮端面未紧贴轴肩

图 3-37　检查圆柱齿轮和轴装配的配合情况

任务二　检查圆柱齿轮和轴装配的径向圆跳动

圆柱齿轮和轴试装配后放到精密V形架上，用百分表分别测量圆柱齿轮和轴的径向圆跳动，如图3-38a所示。

任务三　检查圆柱齿轮和轴装配的轴向圆跳动

圆柱齿轮和轴试装配后放到精密V形架上或径向圆跳动仪上，用百分表分别测量圆柱齿轮和轴的轴向圆跳动，如图3-38b所示。

实际操作过程中，要安全地装配轴和齿轮，安全地使用量具和量仪，按规范调整，严格操作并记录相关数据，进行分析和判断。

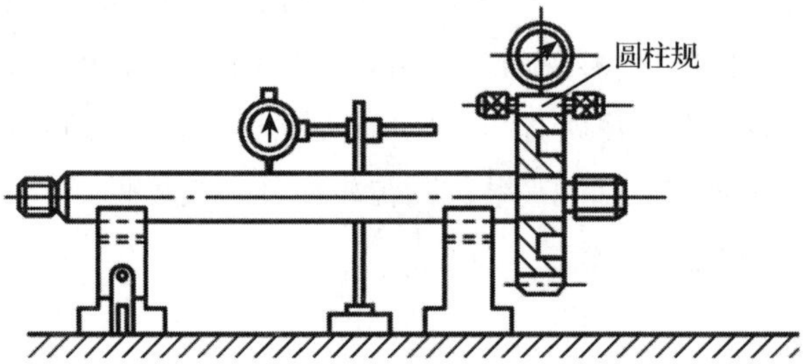

(a)齿轮径向圆跳动的检查

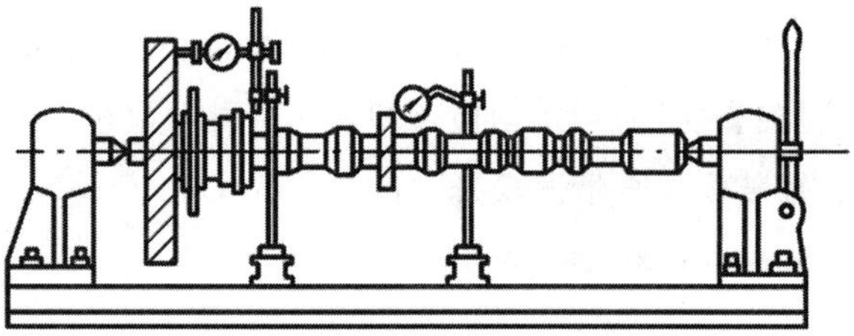

(b)齿轮端面圆跳动的检查

图3-38　圆柱齿轮和轴装配精度的检查

三、实操记录与评价

1. 制订工作计划

师傅指导记录	制订工作计划质量评价	评价成绩
		年　月　日

2. 学徒岗位工作任务实施表

<table>
<tr><td colspan="2" rowspan="2"></td><td colspan="2" rowspan="2">装配工艺过程卡片(分装)</td><td>产品型号</td><td>Y7-00</td><td>部件图号</td><td>Y7-43-04</td><td>版本号</td><td>S02</td></tr>
<tr><td>产品名称</td><td>自走式玉米联合收获机</td><td>部件名称</td><td>换向箱</td><td>共 2 页</td><td>第 1 页</td></tr>
<tr><td rowspan="2">工序号</td><td rowspan="2">装配内容</td><td rowspan="2">装配顺序</td><td colspan="4">所 需 配 件</td><td rowspan="2">技术要求</td><td rowspan="2">工艺装备</td><td rowspan="2">辅助材料</td></tr>
<tr><td>序号</td><td>代号或分装件</td><td>名称</td><td>数量</td></tr>
<tr><td rowspan="17"></td><td rowspan="17">换向箱装配</td><td rowspan="17">①安装主传动带轮到 T12 减速箱上
②安装后升主带轮及后传动带轮
③用螺栓 M10×25、垫圈、挡圈将带轮固定
④安装通气帽</td><td>1</td><td>Y7-434014</td><td>带轮挡圈</td><td>2</td><td rowspan="17">1. 螺栓 M10 扭紧力矩 33～56 N·m</td><td rowspan="17">1. 气动扳手 B12
2. 套筒 16
3. 双头呆扳手 16-18</td><td rowspan="17"></td></tr>
<tr><td>2</td><td>GB/T 93</td><td>垫圈 10</td><td>4</td></tr>
<tr><td>3</td><td>GB/T 5783</td><td>螺栓 M10×30</td><td>4</td></tr>
<tr><td>4</td><td>Y7-431003</td><td>主传动带轮</td><td>1</td></tr>
<tr><td>5</td><td>WG-00007</td><td>T12 减速箱(Y7)</td><td>1</td></tr>
<tr><td>6</td><td>Y7-431004</td><td>后升主带轮</td><td>1</td></tr>
<tr><td>7</td><td>Y7-431005</td><td>后传动带轮</td><td>1</td></tr>
<tr><td>8</td><td>Y7-431009</td><td>小风机带轮</td><td>1</td></tr>
<tr><td>9</td><td></td><td>通气帽</td><td>1</td></tr>
<tr><td>10</td><td></td><td></td><td></td></tr>
<tr><td>11</td><td></td><td></td><td></td></tr>
<tr><td>12</td><td></td><td></td><td></td></tr>
<tr><td>13</td><td></td><td></td><td></td></tr>
<tr><td>14</td><td></td><td></td><td></td></tr>
<tr><td></td><td></td><td></td><td></td></tr>
<tr><td></td><td></td><td></td><td></td></tr>
<tr><td></td><td></td><td></td><td></td></tr>
</table>

标记	处数	更改文件号	签字	日期	标记	处数	更改文件号	签字	日期	编制(日期)	校对(日期)	审核(日期)	标准化(日期)	会签(日期)

3. 学徒关键职业能力及职业品质、工匠精神评价

项目	等级			
	A	B	C	D
工作态度				
吃苦耐劳				
团队协作				
沟通交流				
学习钻研				
认真负责				
诚实守信				

4. 学徒对工作过程的思考

____

____

____

____

____

岗位工作任务四　蜗杆传动机构的装配与调整

【任务描述】

在蜗杆传动机构装配过程中，掌握蜗杆传动机构的特点和装配技术要求，掌握蜗杆传动机构的装配工艺，了解蜗杆传动机构的调整方法。

一、基础知识

1. 蜗杆传动机构

蜗杆传动机构常用来传递两交错轴之间的运动和动力。蜗杆传动机构由蜗杆、蜗轮和机架组成，通常两轴交错角为 90°，蜗轮与蜗杆在其中间平面内相当于齿轮与齿条，蜗杆又与螺杆形状相似。蜗杆传动机构如图 3-39 所示。

2. 蜗杆传动机构的特点

(1)可以得到很大的传动比，比交错轴斜齿轮机构紧凑。

(2)两轮齿合齿面间为线接触，其承载能力大大高于交错轴斜齿轮机构。

图 3-39　蜗杆传动机构

(3)蜗杆传动相当于螺旋传动,为多齿轮啮合传动,故传动平稳,噪声很小。

(4)具有自锁性。当蜗杆的导成角小于啮合齿间的当量摩擦角时,机构具有反向自锁性,可起到安全保护的作用,即只能由蜗杆带动蜗轮,而不能由蜗轮带动蜗杆。

(5)传动效率低,磨损较严重。涡轮蜗杆啮合传动时,啮合轮齿间的相对滑动速度大,故摩擦损耗大,效率低。相对滑动速度大还会使齿面磨损,发热严重;为了增加散热和减小磨损,蜗轮、蜗杆常采用价格较为昂贵、减磨性好的材料制造,或辅以良好的润滑装置,因而成本较高。

(6)蜗杆轴向力较大。

3. 蜗杆传动的类型

根据蜗杆的形状,蜗杆传动可分为圆柱蜗杆传动(图 3-40a)、环面蜗杆传动(图 3-40b)和圆锥蜗杆传动(图 3-40c)。

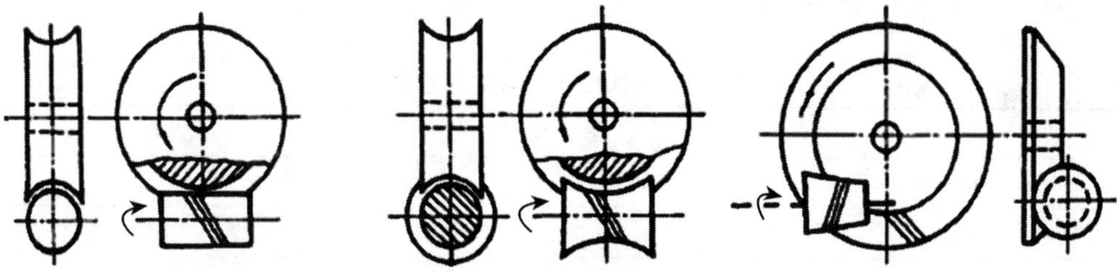

(a)圆柱蜗杆传动　(b)环面蜗杆传动　(c)圆锥蜗杆传动

图 3-40　蜗杆传动的类型

4. 蜗杆传动的装配技术要求

(1)蜗杆轴线应与蜗轮轴线垂直。

(2)蜗杆的轴线应在蜗轮轮齿的对称中心面内。

(3)蜗杆、蜗轮间的中心距要准确。

(4)留有适当的齿侧间隙。

(5)应有正确的接触斑点。

二、实操训练

【主要任务】用涂色法检查蜗杆传动机构。

【实操指导】根据蜗杆传动机构装配任务要求，通过涂色法来检验蜗轮齿面上的接触斑点，根据接触斑点在蜗杆上的着色情况判断蜗杆传动啮合情况和相互间的位置是否正确。

【实操内容】

任务一　涂色

将红丹粉涂在蜗杆的螺旋面上，然后左右旋转，检查蜗轮的着色情况。

任务二　分析结果

如果蜗轮齿面上的接触斑点在中部稍偏于蜗杆的旋出方向(图 3-41a)，则说明啮合情况和相互间的位置是正确的；若出现图 3-41b、图 3-41c 所示的情况，则说明啮合情况不好，此时应通过配磨垫片等方法调整蜗轮的轴向定置，使其达到正常接触。

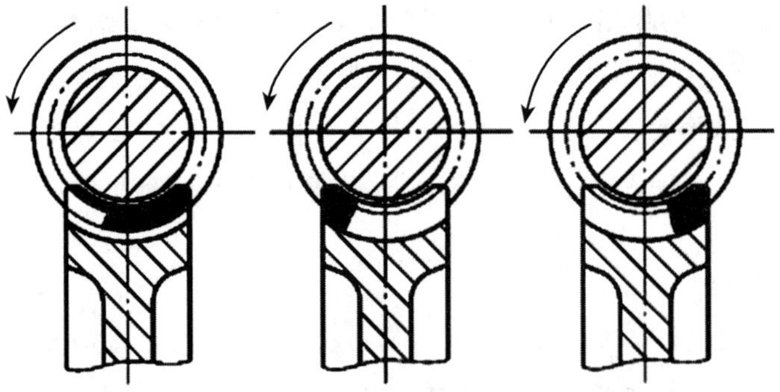

图 3-41　蜗轮齿面上的接触斑点

各种不同精度的蜗杆传动，其正常接触时接触斑点的要求见表 3-3。

表 3-3　蜗杆传动接触斑点的要求

表面粗糙度	沿齿高/%	沿齿宽/%
Ra0.8	>60	>65
Ra0.4	>50	>50
Ra0.2	>30	>35

三、实操记录与评价

1. 制订工作计划

师傅指导记录	制订工作计划质量评价	评价成绩
		年　月　日

2. 学徒岗位工作任务实施表

<table>
<tr><td colspan="2" rowspan="2"></td><td colspan="2" rowspan="2">装配工艺过程卡片(分装)</td><td>产品型号</td><td colspan="2">Y7-00</td><td>部件图号</td><td>Y7-87</td><td>版本号</td><td>S02</td></tr>
<tr><td>产品名称</td><td colspan="2">自走式玉米联合收获机</td><td>部件名称</td><td>割台主传动</td><td>共 3 页</td><td>第 1 页</td></tr>
<tr><td rowspan="2">工序号</td><td rowspan="2">装配内容</td><td rowspan="2">装配顺序</td><td colspan="4">所需配件</td><td rowspan="2">技术要求</td><td rowspan="2" colspan="2">工艺装备</td><td rowspan="2">辅助材料</td></tr>
<tr><td>序号</td><td>代号或分装件</td><td>名称</td><td>数量</td></tr>
<tr><td rowspan="12"></td><td rowspan="12">T8 箱装配（割台主传动装配）</td><td rowspan="12">①首先将轴承及割台主传动轴敲入主动轴轴承座卡上卡簧，并依次安装间套(1)、(2)
②依次安装两个升运器主动链轮 $Z=19$ 和调整垫，盖上轴端紧定档圈用螺栓固定
③在中传动轴上装上传动轴法兰，盖轴端紧定档圈用螺栓固定
④将割台左主传动链轮 $Z=19$、传动轴法兰安装到 T8 箱轴头上，盖轴端紧定档圈用螺栓固定</td><td>1</td><td>GB/T 5783</td><td>螺栓 M14×60</td><td>4</td><td rowspan="12">1. 该部件装配后，应运转灵活，不得有卡滞现象；中间轴轴承座内腔应保证无铸造砂粒等坚硬渣子，装配时腔内加注约 3/4 腔的钙基润滑脂
2. 螺栓 M14 扭紧力矩 95～155 N·m
3. 螺栓 M10 扭紧力矩 33～55 N·m</td><td rowspan="12" colspan="2">1. 气动扳手 B16
2. 套筒 21、套筒 16
3. 卡簧钳
4. 手锤
5. 轴承压具 BMY-0071
6. 油压机 Y41-16T</td><td rowspan="12"></td></tr>
<tr><td>2</td><td>GB/T 93</td><td>垫圈 14</td><td>4</td></tr>
<tr><td>3</td><td>GB/T 6170</td><td>螺母 M14</td><td>4</td></tr>
<tr><td>4</td><td>Y7-87-01A</td><td>T 型螺旋锥齿轮传动箱</td><td>1</td></tr>
<tr><td>5</td><td>Y7-876001</td><td>割台左主动链轮 Z=19</td><td>1</td></tr>
<tr><td>6</td><td>Y7-876002</td><td>传动轴法兰</td><td>2</td></tr>
<tr><td>7</td><td>GB/T 5783</td><td>螺栓 M10×35</td><td>8</td></tr>
<tr><td>8</td><td>GB/T 93</td><td>垫圈 M10</td><td>11</td></tr>
<tr><td>9</td><td>GB/T 6170</td><td>螺母 M10</td><td>8</td></tr>
<tr><td>10</td><td>BJ212</td><td>BJ212 车小传动轴</td><td>1</td></tr>
<tr><td>11</td><td>GB/T 5783</td><td>螺栓 M10×25</td><td>3</td></tr>
<tr><td>12</td><td>Y7-876003</td><td>轴端紧定挡圈</td><td>3</td></tr>
</table>

续表

	装配工艺过程卡片（分装）	产品型号	Y7-00	部件图号	Y7-87	版本号	S02
		产品名称	自走式玉米联合收获机	部件名称	割台主传动	共 3 页	第 1 页

工序号	装配内容	装配顺序	所需配件				技术要求	工艺装备	辅助材料
			序号	代号或分装件	名称	数量			
			13	GB/T 1096	键 12×36	1			
			14	GB/T 1152	油环 M8×1	1			
			15	Y7-878001	间套(1)	1			
			16	Y7-873001	主传动轴轴承座	1			
			17	GB/T 276	轴承 6207-RS	2			
			18	GB/T 893.1	挡圈 72	2			
			19	Y7-878002	间套(2)	1			
			20	Y7-876004	升运器主动链轮 Z=19	2			
			21	Y7-876005	割台主传动轴	1			
			22	Y7-876006	调整垫	2			

标记	处数	更改文件号	签字	日期	标记	处数	更改文件号	签字	日期	编制(日期)	校对(日期)	审核(日期)	标准化(日期)	会签(日期)

3. 学徒关键职业能力及职业品质、工匠精神评价

项目	等级			
	A	B	C	D
工作态度				
吃苦耐劳				
团队协作				
沟通交流				
学习钻研				
认真负责				
诚实守信				

4. 学徒对工作过程的思考

____

____

____

____

____

岗位工作任务五　螺旋传动机构的装配与调整

【任务描述】

通过学习和操作螺旋传动机构的装配和调整，了解螺旋传动机构的特点和装配技术要求，掌握螺旋传动机构的装配工艺，了解螺旋传动机构的调整方法，能够进行丝杠螺母副配合间隙测量及调整。

一、基础知识

1. 螺旋传动机构的特点

螺旋传动机构可用来把回转运动变为直线运动，被广泛应用于各种机械和仪器中。螺旋传动机构的构造简单，降速比大，传动精度高，工作平稳，易于自锁，在较低的运动速度下能传递巨大的动力；但摩擦损失大，传动效率低，因此一般不能用于大功率的传动。

2. 螺旋传动机构的形式

图 3-42 所示为三种最常见的螺旋传动机构。

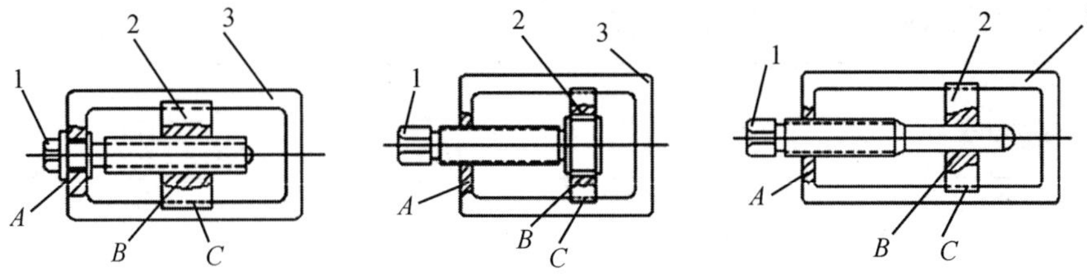

1. 丝杠　2. 螺母(或滑块)　3. 机架

图 3-42　常见的螺旋传动机构

如图 3-42a 所示,丝杠 1 在 A 处可以转动,而在 B 处相对于螺母做螺旋传动;螺母 2 不能转动而只能在 C 处做直线移动。这种机构常用于各种机用虎钳及某些千斤顶中。

如图 3-42b 所示,丝杠 1 在 A 处可做螺旋运动,在 B 处可以转动,滑块 2 在 C 处可以移动。这种机构常用于台虎钳、千斤顶及螺旋压力机中。

如图 3-42c 所示,丝杠 1 在 A、B 两处均可做螺旋运动,螺母 2 在 C 处可以移动。这种螺旋传动机构通常称为差动螺旋机构,一般用于较精密的机械或仪器中,如分度机构、机床刀架的微调机构等。

二、实操训练

【主要任务】对丝杠螺母副配合间隙进行测量及调整,如图 3-43 至图 3-45 所示,要求做好测量及调整前的准备工作。

【实操指导】根据丝杠螺母副配合间隙测量及调整前的准备工作任务要求,合理安排操作步骤,并正确完成任务要求。

重点:螺旋传动机构的装配方法。

难点:旋转传动机构的装配与调整。

任务一　进行丝杠螺母副配合间隙的测量及调整

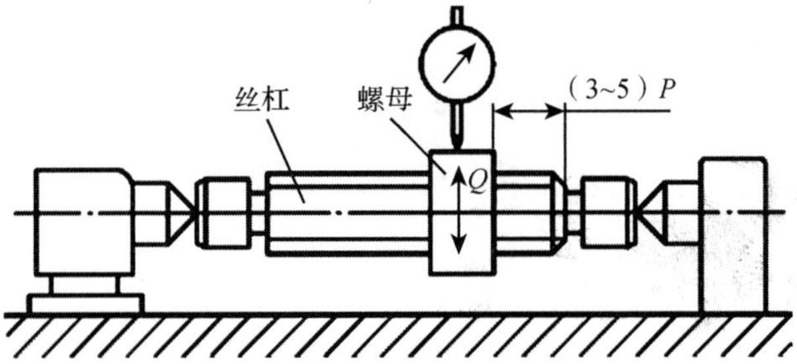

图 3-43　顶隙的测量

配合间隙包括径向间隙和轴向间隙两种。轴向间隙直接影响丝杠螺母副的传动精度,因此在装配时必须调整至规定范围内。由于测量时顶隙比轴向间隙更易准确反映丝杠螺母副的配合精度,所以配合间隙常用顶隙表示。

(1)顶隙的测量。将被测的丝杠螺母副置于图 3-43 所示的位置,使百分表测头抵在螺母 1 上,然后轻轻抬起螺母,此时百分表指针的摆动值即为顶隙值。

(2)轴向间隙调整。丝杠螺母副轴向间隙的调整是装配螺旋传动机构的重要环节。对一般无间隙调整机构的丝杠螺母副,装配时可采用单配或选配的方法来保证适合的配合间隙;对有间隙调整机构的丝杠螺母副,装配时必须认真调整,使配合间隙合理。

任务二　练习使用常用的轴向间隙调整机构

(1)单螺母消隙机构。单螺母消隙机构的消隙方式是利用强制施加外力的手段,使螺母与丝杠始终保持单向接触。

常见的几种螺母消隙机构有:靠弹簧拉力的消隙机构,如图 3-44a 所示;靠液压缸压力的消隙机构,如图 3-44b 所示;靠悬挂重物的消隙机构,如图 3-44c 所示。装配时应调整和选择适当的弹簧压力、液压缸压力和配重重量。

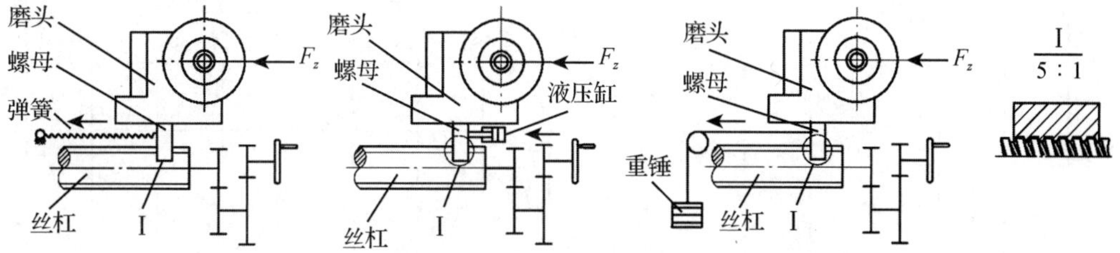

(a)靠弹簧拉力消隙　(b)靠液压缸压力消隙　(c)靠悬挂重物消隙

图 3-44　单螺母消隙机构

(2)双螺母消隙机构。双螺母消隙机构是通过调整两螺母的轴向相对位置来消除轴向间隙并实现预紧的。如图 3-45 所示。

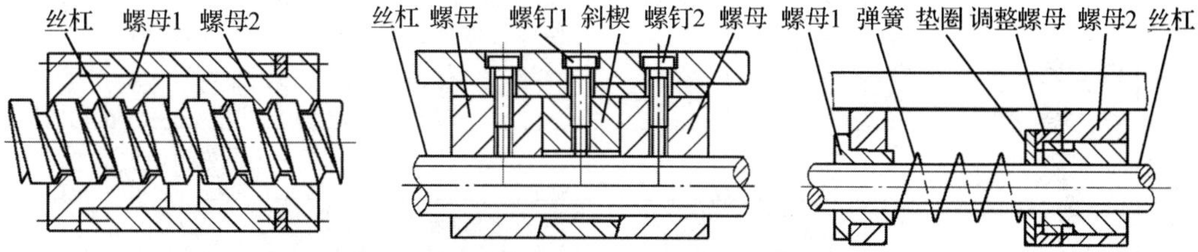

(a)　(b)　(c)

图 3-45　双螺母消隙机构

三、实操记录与评价

1. 制订工作计划

师傅指导记录	制订工作计划质量评价	评价成绩
		年　月　日

2. 学徒岗位工作任务实施表

<table>
<tr><td colspan="2" rowspan="2"></td><td colspan="2" rowspan="2">装配工艺过程卡片(分装)</td><td>产品型号</td><td>Y7-00</td><td>部件图号</td><td>Y7-11-01</td><td>版本号</td><td>S02</td></tr>
<tr><td>产品名称</td><td>自走式玉米联合收获机</td><td>部件名称</td><td>摘穗支架</td><td>共 3 页</td><td>第 1 页</td></tr>
<tr><td rowspan="2">工序号</td><td rowspan="2">装配内容</td><td rowspan="2">装配顺序</td><td colspan="4">所 需 配 件</td><td rowspan="2">技术要求</td><td rowspan="2">工艺装备</td><td rowspan="2">辅助材料</td></tr>
<tr><td>序号</td><td>代号或分装件</td><td>名称</td><td>数量</td></tr>
<tr><td rowspan="12"></td><td rowspan="12">割台装配(摘穗支架装配一)</td><td rowspan="12">①将四组箱与摘穗架连接
②安装左、右拉茎辊装配及清草刀并调节其间隙
③安装张紧拨禾链装置、前链轮装配、拨禾链支座、拨禾链固定座、拨禾链、当链板焊合、动力输入链轮装配
④调节拨禾链张紧弹簧长度为 140 mm
⑤调节分禾后固定座弹簧长度为 26 mm
⑥加注双曲线润滑油
⑦擦净溢出的双曲线润滑油</td><td>1</td><td>Y7-11-01-05</td><td>前链轮装配</td><td>4</td><td rowspan="12">1. 装配后，拉茎辊中心线应在同一平面上；两挡板应刚好接触链条
2. 齿轮箱上放链轮中心面应与前链轮中心面共面，平行度公差为 3 mm
3. 清草刀与拉茎辊间隙 2～3 mm
4. 装配后各部件转动灵活
5. 拉茎板间隙，为前 30 mm，后 35 mm
6. 拉茎辊轴向间隙为 0.5～1 mm</td><td rowspan="12">1. 气动扳手 B16
2. 套筒 16、套筒 18
3. 双头呆扳手 16-18</td><td rowspan="12">1. 18 号双曲线油
2. 纱布</td></tr>
<tr><td>2</td><td>Y7-113002</td><td>链轮张紧支座</td><td>4</td></tr>
<tr><td>3</td><td>Y7-114042</td><td>中间分禾前固定座</td><td>3</td></tr>
<tr><td>4</td><td>GB/ T93</td><td>垫圈 12</td><td>43</td></tr>
<tr><td>5</td><td>GB/T 5782</td><td>螺栓 M12×90</td><td>8</td></tr>
<tr><td>6</td><td>GB/T 889</td><td>螺母 M16</td><td>4</td></tr>
<tr><td>7</td><td>Y4-126018</td><td>张紧螺杆</td><td>4</td></tr>
<tr><td>8</td><td>Y4-126019</td><td>轴套</td><td>8</td></tr>
<tr><td>9</td><td>Y4-126020</td><td>张紧弹簧</td><td>4</td></tr>
<tr><td>10</td><td>GB/T 97.1</td><td>垫圈 12-140HV</td><td>25</td></tr>
<tr><td>11</td><td>GB/T 5783</td><td>螺栓 M12×35</td><td>8</td></tr>
<tr><td>12</td><td>Y7-11-01-04</td><td>拨禾链</td><td>4</td></tr>
</table>

续表

	装配工艺过程卡片(分装)	产品型号	Y7-00	部件图号	Y7-87	版本号	S02
		产品名称	自走式玉米联合收获机	部件名称	摘穗支架	共 3 页	第 1 页

工序号	装配内容	装配顺序	所需配件				技术要求	工艺装备	辅助材料
			序号	代号或分装件	名称	数量			
			13	Y7-11-01-10	摘穗支架焊合(一)	1			
			14	Y7-11-01-03	割台右传动箱装配	1			
			15	GB/T 5783	螺栓 M12×45	4			
			16	GB/T 6170	螺母 M12	10			
			17	GB/T 96	垫圈 12	20			
			18	Y7-114033	右侧拉茎板	4			
			19	GB/T 5783	螺栓 M12×25	3			
			20	Y7-11-01-09	动力输入链轮装配	1			
			21	GB/T 93	垫圈 10	11			

标记	处数	更改文件号	签字	日期	标记	处数	更改文件号	签字	日期	编制(日期)	校对(日期)	审核(日期)	标准化(日期)	会签(日期)

3. 学徒关键职业能力及职业品质、工匠精神评价

项目	等级			
	A	B	C	D
工作态度				
吃苦耐劳				
团队协作				
沟通交流				
学习钻研				
认真负责				
诚实守信				

4. 学徒对工作过程的思考

岗位工作任务六　液压传动机构的装配与调整

【任务描述】

熟知液压传动装置的基本原理，了解液压传动装置的组成及作用，掌握液压泵的安装及液压检查。

【任务分析】

液压传动装置由液压泵、液压缸、阀和管道等部分组成。

一、基础知识

液压传动是以液体为工作传动件来传递动力和实现能量转换的，它和机械传动是两种完全不同的传动方式。

1. 液压传动装置的基本原理

在密封容器内利用受压液体传递压力能，再通过把部分压力能转变成机械能而做功的传动方式，称为液压传动。液压传动的工作原理如图 3-46 所示，当小活塞 A_1 在外力 F_1 的作用下移动时，密封的油液受到挤压作用。由于液体具有不可压缩性，便产生了压力 P，使小液压缸 3 内的油液通过油管 5 进入大液压缸 4 从而推动大活塞 A_2 向上运动，完成举起重物 W 的工作。

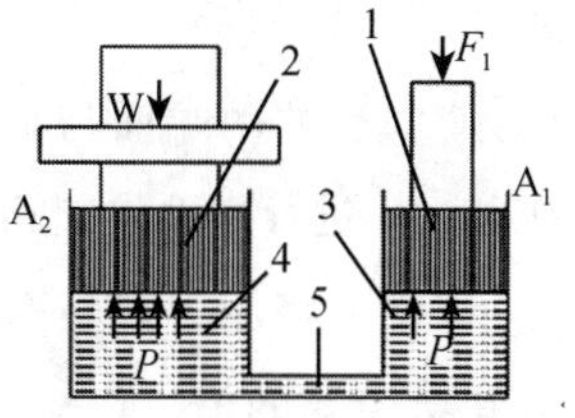

1. 小活塞　2. 大活塞　3. 小液压缸
4. 大液压缸　5. 油管

图 3-46　液压传动装置的基本原理

2. 液压泵安装前的性能试验

液压泵大都由专业液压件厂生产，但安装前仍需检查其性能是否符合要求，即做必要的性能试验。

(1)用手转动主动轴(齿轮泵)或转子轴(叶片泵)，要求转动灵活无阻滞现象。

(2)检查液压泵在额定压力下能否达到规定的输油量。

(3)当压力由零逐渐升至额定值时，检查各接合面，不准有漏油现象和异常杂音。

(4)在额定压力下工作时，其压力波动值不得超过规定值：齿轮泵为 $\pm1.5\times10^5$ Pa，叶片泵为 $\pm2\times10^5$ Pa。

3. 液压泵的安装要点

(1)液压泵与电动机应通过联轴器直接传动，不得用带传动。

(2)液压泵轴与电动机轴的同轴度要求较高，两轴偏移量误差应小于 0.1 mm，倾斜角要小于 $40'$。

二、实操训练

【主要任务】采用导线的结构对液压传动机构进行装配。

【实操指导】首先要分析先导结构，明确装配要求，然后开始对液压传动机构进行装配。

重点：掌握压力控制阀的装配要点。

难点：压力控制阀的性能试验。

【实操内容】

任务一　装配压力控制阀

(1)装配前应对压力控制阀的所有零件进行认真清洗，尤其是阻尼孔道，一定用压缩空气排污。

(2)检查阀体与阀座的密封性，采用汽油检查。

(3)阀体接合面加油，确保其密封性。

(4)检查阀芯与阀体之间的配合间隙是否符合要求，即在全部行程中移动灵活无阻滞现象。

(5)使弹簧的两端面与轴线垂直,必要时将弹簧两端面磨平。

任务二　进行压力控制阀的性能试验

(1)试验前将压力调整螺钉尽可能松开;试验时在调整压力过程中将调整螺钉从最低调节到所需要的值。

(2)评估结果。当压力控制阀做循环试验时,要求运动部件的换向动作要平稳,并且无明显的冲击和噪声。在额定压力下工作时,不允许接合处有漏油现象。在接合状态下,其压力不大于 2 Pa。

任务三　装配先导式溢流阀

先导式溢流阀是压力控制阀的一种,一般安装在液压泵的出口处,在液压系统中并联使用,使系统中多余的油液流回油箱,保持系统的压力稳定。当系统过载时,先导式溢流阀起安全保护作用。先导式溢流阀的实物如图 3-47 所示,内部结构如图 3-47 所示。

先导式溢流阀(简称先导阀)的工作原理如下:压力油从入油口 P 进入,通过 a 孔、b 孔进入 c 腔,作用于主阀芯的左端,同时又经主阀芯中间的阻尼孔 e 进入 d 腔,并经过 f 孔、g 腔、阀座 6 内的 h 孔作用于先导阀阀芯 5 上。由于油腔 c、d、g 形成一个密闭的容积

(a)实物图

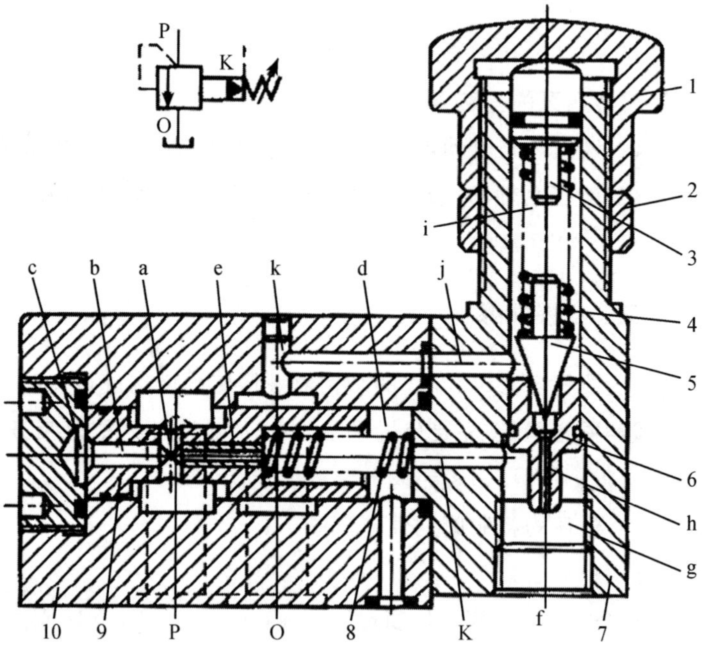

(b)先导式溢流阀(主阀为滑阀结构)的内部结构

1. 调节螺母　2. 锁紧螺母　3. 调节杆　4. 调压弹簧　5. 先导阀阀芯
6. 先导阀阀座　7. 先导阀阀体　8. 复位弹簧　9. 主阀芯　10. 主阀体

图 3-47　先导式溢流阀

(腔),所以腔内各点的压力均相等(根据帕斯卡定律),并都等于阀的入口油压。当入口油压较低时,作用于先导阀阀芯上的液压力小于先导阀调压弹簧4的预紧力,先导阀阀芯5关闭,阻尼小孔e中的油液不流动,这时主阀芯9两端的油压相等,在复位弹簧8的作用下主阀芯9处于最左端位置,隔断了进油口和回油口的通道,将溢流口关闭。

当入口油压升高,使作用于先导阀阀芯5上的液压力大于先导阀弹簧4的预紧力时,阀芯5上移,压缩弹簧4将先导阀口打开(经过一段振荡过程后停在某一平衡位置上),压力油经阻尼孔e、孔f、g腔、孔h、j、k流入回油腔。由于油液流经阻尼孔e后要产生压力降,所以主阀芯9右端的油压力小于左端的油压力,当这个压力差较小、还不足以克服复位弹簧8的作用力时,阀芯9仍然处在最左端。随着阀入口油压的不断升高,这个压力差也提高。当这个压力差对主阀芯9的作用力超过复位弹簧8的作用力时,主阀芯9向右移动,溢流口开启,将阀的进油口P和回油口O接通,实现溢流。此后,溢流阀入口油压不再升高,其值为与此时调压弹簧4的预紧力相对应的某一确定值。调整调节螺母1,通过调节杆3可以改变调压弹簧4的预紧力大小,从而实现调整溢流阀进油压力的作用。这就是先导式溢流阀的定压过程。其稳压过程与直动式溢流阀相同。

装配步骤:

(1)认真清洗溢流阀各零件,特别是阻尼孔通道,一定要用压缩空气清除污物。

(2)用汽油检查锥阀芯与先导阀油孔之间的密封性。

(3)将主阀芯装入阀体,将主阀弹簧装到主阀芯座上,使弹簧两端与其轴线垂直,否则需将弹簧两端面重新磨平。

(4)将主阀体、先导阀体(锥阀体)间加油纸垫后,将两阀体装配到一起。

(5)将先导阀的阀座与阀芯装入先导阀体内,将锥阀弹簧装入先导阀中,使弹簧两端面与轴线垂直。

(6)将先导阀的弹簧座装入阀体内,拧紧调整螺母1,调整压力达到要求。

三、实操记录与评价

1. 制订工作计划

师傅指导记录	制订工作计划质量评价	评价成绩
		年　月　日

2. 学徒岗位工作任务实施表

<table>
<tr><td colspan="2" rowspan="2"></td><td colspan="2" rowspan="2">装配工艺过程卡片(分装)</td><td>产品型号</td><td>Y7-00</td><td>部件图号</td><td>Y7-54-04</td><td>版本号</td><td>S02</td></tr>
<tr><td>产品名称</td><td>自走式玉米联合收获机</td><td>部件名称</td><td>液压操纵系统</td><td>共 8 页</td><td>第 6 页</td></tr>
<tr><td rowspan="2">工序号</td><td rowspan="2">装配内容</td><td rowspan="2">装配顺序</td><td colspan="4">所需配件</td><td rowspan="2">技术要求</td><td rowspan="2">工艺装备</td><td rowspan="2">辅助材料</td></tr>
<tr><td>序号</td><td>代号或分装件</td><td>名称</td><td>数量</td></tr>
<tr><td rowspan="12"></td><td rowspan="12">驾驶台装配(液压操纵系统装配)</td><td rowspan="12">①依次将钢背复合轴承及液压手柄焊合 1、2、3、4 依次安装到手柄轴上
②安装拉杆
③安装手柄球</td><td>1</td><td>Y7-546009</td><td>拉杆</td><td>4</td><td rowspan="12">装配时轴承内外应加少量锂基润滑脂</td><td rowspan="12">1. 气动扳手 B12
2. 套筒 16
3. 卡簧钳
4. 手锤
5. 双头呆扳手 16-18
6. 平口螺丝刀</td><td rowspan="12">锂基润滑脂</td></tr>
<tr><td>2</td><td>GB/T 882</td><td>销轴 B6×26</td><td>4</td></tr>
<tr><td>3</td><td>GB/T 91</td><td>销 2×16</td><td>8</td></tr>
<tr><td>4</td><td>Y7-546002</td><td>手柄轴</td><td>1</td></tr>
<tr><td>5</td><td>Y7-54-4-1</td><td>液压手柄焊合(1)</td><td>1</td></tr>
<tr><td>6</td><td>Y7-54-4-2</td><td>液压手柄焊合(2)</td><td>1</td></tr>
<tr><td>7</td><td>Y7-54-4-3</td><td>液压手柄焊合(3)</td><td>1</td></tr>
<tr><td>8</td><td>Y7-54-4-4</td><td>液压手柄焊合(4)</td><td>1</td></tr>
<tr><td>9</td><td>GS-1</td><td>钢背复合轴承 2020B</td><td>8</td></tr>
<tr><td>10</td><td>GB/T 894.1</td><td>挡圈 20</td><td>8</td></tr>
<tr><td>11</td><td>GB/T 5783</td><td>螺栓 M10×20</td><td>2</td></tr>
<tr><td>12</td><td>GB/T 882</td><td>销轴 B6×18</td><td>4</td></tr>
</table>

续表

	装配工艺过程卡片（分装）	产品型号	Y7-00	部件图号	Y7-54-04	版本号	S02
		产品名称	自走式玉米联合收获机	部件名称	液压操纵系统	共 8 页	第 6 页

工序号	装配内容	装配顺序	所需配件				技术要求	工艺装备	辅助材料
			序号	代号或分装件	名称	数量			
			13	GB/T 97.1	垫圈 6	8			
			14	GB/T 5783	螺栓 M10×25	4			
			15	GB/T 6170	螺母 M10	4			
			16	GB/T 93	垫圈 10	6			
			17	GB/T 97.1	垫圈 10	6			
			18	GB/T 97.1	垫圈 16	1			
			19	GB/T 97.1	垫圈 20	1			
			20	CD22-20	端直通接头	2			

标记	处数	更改文件号	签字	日期	标记	处数	更改文件号	签字	日期	编制（日期）	校对（日期）	审核（日期）	标准化（日期）	会签（日期）

3. 学徒关键职业能力及职业品质、工匠精神评价

项目	等级			
	A	B	C	D
工作态度				
吃苦耐劳				
团队协作				
沟通交流				
学习钻研				
认真负责				
诚实守信				

4. 学徒对工作过程的思考

岗位工作任务七　联轴器和离合器的装配与调整

【任务描述】

通过对联轴器和离合器基础知识的学习，明确联轴器和离合器的结构特点、作用和种类，掌握其装配与调整技能，达到装配技术要求。

一、基础知识

1. 联轴器

联轴器是零件之间传递动力的中间连接装置。联轴器可使同一轴线上的两根或轴上的转动件（带轮、齿轮等）相互连接，以传递转矩。

(1)联轴器的种类。联轴器按连接两轴的相对位置和位置的变动情况,可分为刚性联轴器和挠性联轴器两类。

常用的联轴器有凸缘联轴器(图 3-48)、十字槽联轴器(图 3-49)、齿式联轴器(图 3-50)等。

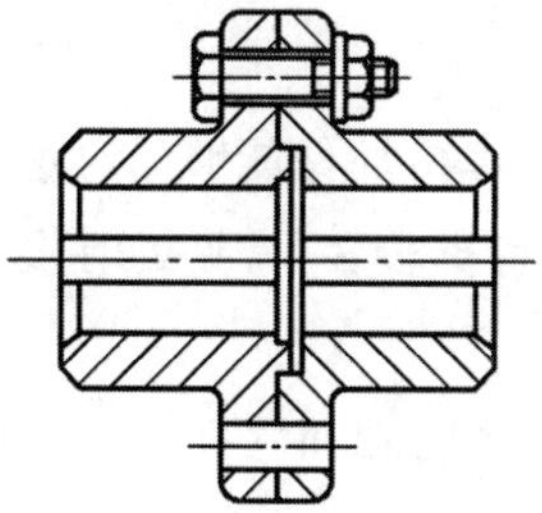

(a)凸缘联轴器

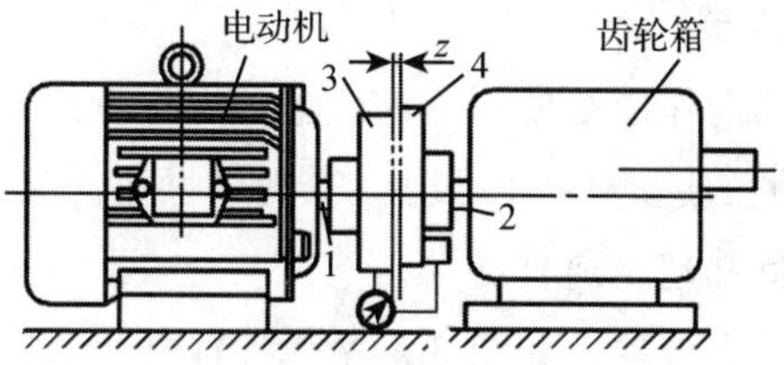

(b)联轴器的应用

图 3-48　凸缘联轴器及应用

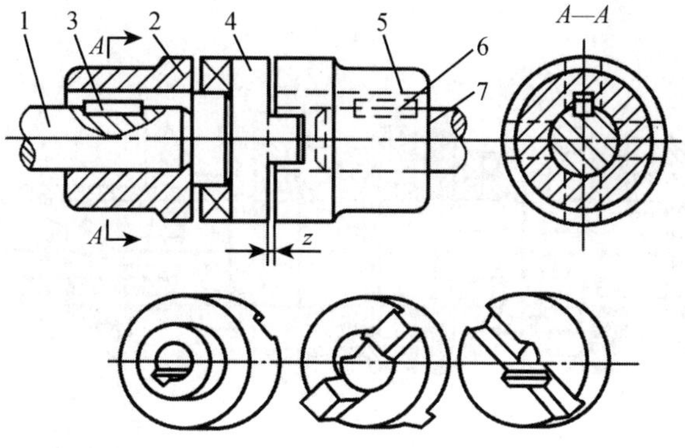

1、7. 轴　2、5. 联轴盘　3、6. 键　4. 中间盘

图 3-49　十字槽联轴器

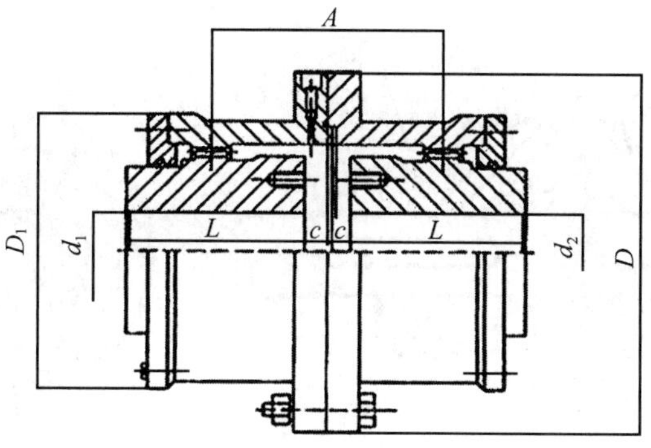

图 3-50　齿式联轴器

(2)联轴器装配的技术要求。联轴器装配的技术要求可总结为以下几点：

①严格保证两轴的同轴度要求，否则在传动过程中容易造成联轴器轴的变形或损坏。因此，装配时应检查联轴器的圆跳动量和同轴度误差。

②装配时，应保证连接件（螺栓，螺母，键，圆柱或圆锥销）有可靠、牢固的连接，不允许有松脱现象。

2. 离合器

离合器的作用是使同一周线上的两根轴或轴上的空套传动件能够随时连通或断开，以实现机械的运动、停止、变速、变向等操作。离合器的种类较多，常见的有多片离合器、牙嵌离合器和超越离合器等。

①多片离合器。如图 3-51 所示，靠内外摩擦片在压紧时端面之间产生的摩擦力（或内外圆锥面之间产生的摩擦力）来传递转矩。

②牙嵌离合器，如图 3-52 所示，利用一组相互啮合的齿爪或一对内外啮合的齿轮来传递转矩。

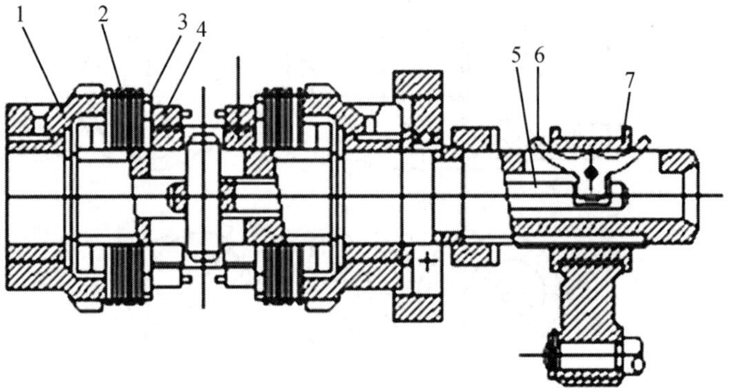

1. 空套齿轮　2. 外磨擦片　3. 内磨擦片　4. 加压套　5. 拨动杆　6. 摆杆　7. 滑环

图 3-51　多片离合器

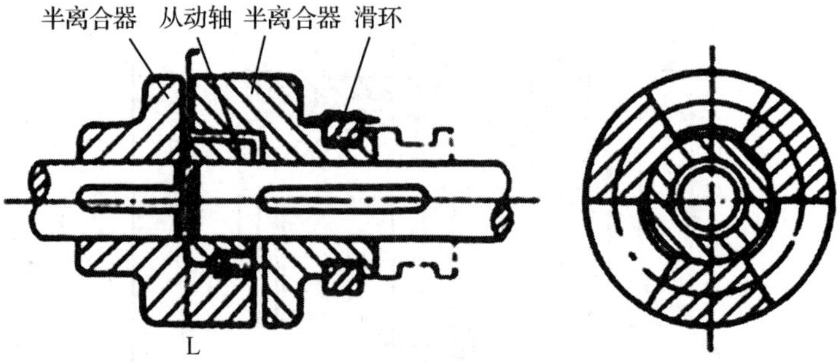

图 3-52　牙嵌离合器

③超越离合器。它是在齿轮套(外套)逆时针方向旋转时,靠摩擦力带动滚柱向楔缝小的地方运动,从而带动星形体(内套)和外齿轮套一起转动。超越离合器通常应用在有快、慢速度交替的转矩传递到轴上的场合,它能实现运动形式的自动转换。如CA6140型卧式车床溜板箱内就装有超越离合器。超越离合器可分为楔块式超越离合器、滚柱式超越离合器和棘轮式超越离合器。

二、实操训练

【主要任务】根据联轴器的装配要求,完成凸缘联轴器的装配工作。

【实操指导】分析凸缘联轴器内部构造,确定任务实施方案,明确操作步骤,合理安排装配要求并进行操作。

【实操内容】装配凸缘联轴器

(1)凸缘联轴器装配前要检查并调整两轴的同轴度,以免在传动过程中使联轴器受到损伤,噪声和振动加剧,设备质量受到损坏影响。

(2)分别在电动机轴和减速器轴上装左、右半联轴器,将减速器箱体找正并加以固定。

(3)将百分表固定在左半联轴器上,使百分表的侧头触及右半联轴器的外圆柱面上。转动左半联轴器,找正右半联轴器的同轴度,保证两半联轴器同轴。

(4)移动电动机,使左半联轴器的凸台少许插入右半联轴器的凹槽内。

(5)转动减速器的传动轴,检查左半联轴器与右半联轴器两端面之间的间隙,应通过移动减速器箱体加以解决,最后把电动机和联轴器固定。

三、实操记录与评价

1. 制订工作计划

师傅指导记录	制订工作计划质量评价	评价成绩
		年　月　日

2. 学徒岗位工作任务实施表

	装配工艺过程卡片（分装）	产品型号	Y7-00	部件图号	Y7-43-03A	版本号	S02
		产品名称	自走式玉米联合收获机	部件名称	主离合	共 2 页	第 1 页

工序号	装配内容	装配顺序	所需配件				技术要求	工艺装备	辅助材料
			序号	代号或分装件	名称	数量			
	主离合装配	①依次将挡圈 62、轴承、黄油、张紧轮轴、轴承、挡圈 62 装入张紧轮内部 ②依次将摆臂焊合、主离合拉臂、张紧轮、主离合拉臂、拉簧座板用螺栓 M20×200 连接，并紧固 ③安装油杯 ④将拖带轴用螺栓 M8×25 连接到主离合拉臂上	1	GB/T 1152	油杯 M10×1	1	1. 装配时，后升带轮内充满钙基润滑脂 2. 装配后，轮毂应转动灵活，不得有卡滞现象	1. 双头呆扳手 27-30 2. 双头呆扳手 16-18	黄油
			2	Y7-43-03-02A	主离合摆臂焊合	1			
			3	Y7-431002A	主离合张紧轮	1			
			4	Y7-438008	主离合张紧轮轴	1			
			5	GB/T 279	轴承 6206-RS	2			
			6	Y7-435001	拉簧座板	1			
			7	GB/T 5782	螺栓 M20×200	1			
			8	GB/T 93	垫圈 20	1			
			9	GB/T 6170	螺母 M20	1			
			10	GB/T 893.1	挡圈 62	2			
			11	Y7-43-03-03	主离合拉杆臂焊合	2			
			12	GB/T 5783	螺栓 M8×25	1			
			13	GB/T 93	垫圈 8	1			
			14	Y7-436012A	托带轴	1			

标记	处数	更改文件号	签字	日期	标记	处数	更改文件号	签字	日期	编制（日期）	校对（日期）	审核（日期）	标准化（日期）	会签（日期）

3. 学徒关键职业能力及职业品质、工匠精神评价

项目	等级			
	A	B	C	D
工作态度				
吃苦耐劳				
团队协作				
沟通交流				
学习钻研				
认真负责				
诚实守信				

4. 学徒对工作过程的思考

岗位工作任务八　旋转件的平衡调试

【任务描述】

掌握旋转件平衡的分类、概念及平衡条件，掌握静平衡操作的方法。

【任务分析】

在玉米联合收获机装配过程中，需要大量做旋转运动的零部件，例如各种传动轴、主轴等。如果在师傅带领下进行旋转件装配时，某些传动件虽然已经严格按装配工艺要求进行装配，但还是出现机械振动和噪声，这时就要进行旋转件的平衡调试。

一、基础知识

如果旋转件的结构形状不对称、制造安装不准确或材质不均匀，那么在转动时就会产生离心力和离心力偶矩不平衡，致使旋转件内部产生附加应力，引起大小和方向不断变化的动压力，产生振动，降低机械效率，影响机械的工作质量和寿命。

旋转件平衡的目的就是调整旋转件的质量分布，使旋转件工作时离心力达到平衡，以消除附加动压力，尽可能减轻有害的机械振动。对于转速较高、运转平稳性要求高的旋转零部件，装配前必须进行平衡工作，有时整机也需要进行平衡工作。

1. 平衡的分类

旋转件平衡时，根据需要可以进行静平衡或动平衡。

(1)静平衡。用去重或配重的方法消除旋转件的偏重，使旋转体达到平衡，这种方法称为静平衡。对于轴向宽度小(轴向长度 L 与外径 D 的比值 $L/D \leqslant 0.2$)的旋转件，如砂轮、飞轮、盘形凸轮等，其偏心质量在同一回转面内的，可采用静平衡，如图 3-53 所示。一般常用平衡杆、平衡块和三点平衡等方法进行静平衡。

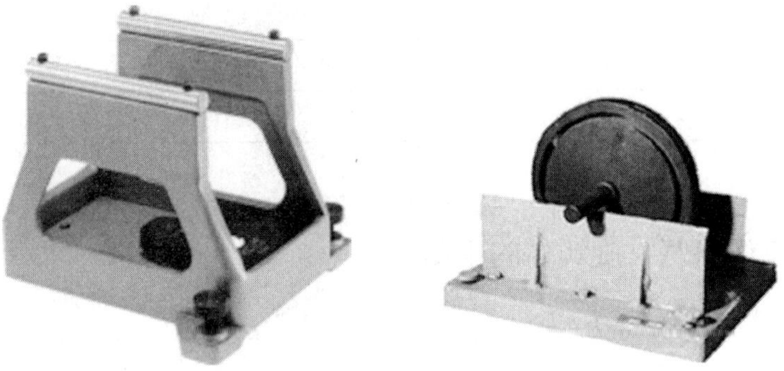

图 3-53　静平衡示例

静平衡的条件：平衡后转子各偏心质量(包括平衡质量)的惯性力合力为零，即 $\sum \boldsymbol{F}=0$。

(2)动平衡。对于运动不平衡旋转体，选定两个回转平面Ⅰ及Ⅱ作为平面基面，再分别在这两个面上增加或除去适当的平衡质量，使旋转体在运转时各偏心质量所产生的惯性力和惯性力偶矩同时得以平衡，这种平衡方法称为动平衡。对于轴向宽度大($L/D>0.2$)的旋转件，如机床主轴、电动机转子等，其质量不是分布在同一回转面内的，需要采用动平衡。动平衡一般需要在专用的动平衡机上进行，如图 3-54 所示。

动平衡的条件：各偏心质量(包括平衡质量)产生的惯性力的矢量和为零，这些惯性力所构成的力矩矢量和也为零。即 $\sum \boldsymbol{F}=0$，$\sum \boldsymbol{M}=0$。

图 3-54 动平衡

2. 对旋转件不平衡量的找正方法

（1）配重：用补焊、铆接、黏接或螺纹连接等方法加配重量。

（2）减重：用钻削、铣削、磨削或挫削等方法去除重量。

（3）在预制的平衡槽内改变平衡块的位置和数量（砂轮静平衡常用此法）。

二、实操训练

【主要任务】对齿轮进行静平衡。

【实操指导】用平衡杆进行齿轮静平衡，如图 3-55 所示。首先安装齿轮，其次做好标记，再调试平衡，最后钻孔。

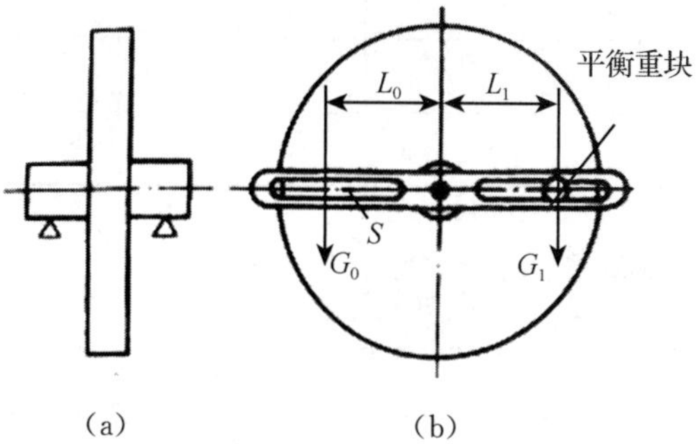

图 3-55 用平衡杆进行静平衡

【实操内容】

（1）装上齿轮，并将组件放在水平的静平衡架上。

（2）缓慢转动齿轮，待静止后在其正下方做一标记 A，重复转动齿轮若干次，若标记 A 处始终位于最下方，则说明有偏重，其方向指向标记 A 处。

（3）沿偏重方向装上平衡杆，调整平衡块，使平衡力矩 L_1G_1 等于中心偏移所形成的力矩，则该组件处于静平衡。

（4）在零件的偏重一边离中心 L_O（$L_O=L_1$）处钻孔去除 G_O（$G_O=G_1$）的金属，使 $L_OG_O=L_1G_1$，就可以消除静不平衡。

三、实操记录与评价

1. 制订工作计划

师傅指导记录	制订工作计划质量评价	评价成绩
		年　月　日

2. 学徒关键职业能力及职业品质、工匠精神评价

项目	等级			
	A	B	C	D
工作态度				
吃苦耐劳				
团队协作				
沟通交流				
学习钻研				
认真负责				
诚实守信				

3. 学徒对工作过程的思考

____

____

____

____

____

第三节　轴承和轴组的装配

轴承是用来确定轴与其他零件相对运动位置并起支承或导向作用的部件。轴承可以引导轴的旋转，也可以支承轴上旋转的零件。轴承按其工作的摩擦性质分为滑动轴承和滚动轴承；按承受载荷的方向分为深沟球轴承（承受径向力）、推力球轴承（承受轴向

力)和角接触球轴承(承受径向力和轴向力)。轴、轴上零件及两端轴承支座的组合称为轴组。轴组装配主要是指将轴组装入箱体,进行固定轴承、调整轴承游隙、轴承预紧、轴承密封和轴承润滑装置的装配等。

岗位工作任务一　滑动轴承的装配

【任务描述】

了解滑动轴承的类型、结构特点与应用场合,掌握整体式滑动轴承和剖分式滑动轴承的装配方法。

【任务分析】

滑动轴承是一种滑动摩擦性质的轴承,由滑动轴承座、轴瓦或轴套等组成。滑动轴承的主要优点是工作可靠、平稳,无振动、无噪声,能承受重载荷和较大的冲击载荷,多用于精密、高速及重载的转动场合。

一、基础知识

1. 滑动轴承的工作原理

滑动轴承的工作原理为:油压系统供给一定压力的润滑油,使轴颈和轴承处于完全液体摩擦状态;滑动轴承利用油的黏性和轴颈的高速旋转,在轴承的楔形空间建立压力油膜,使被油膜隔开浮起的轴颈在轴承中高速旋转。

2. 滑动轴承的类型

(1)按摩擦状态分,滑动轴承可分为动压润滑轴承和静压润滑轴承。

①动压润滑轴承。利用润滑油的黏性和轴颈的高速旋转,把润滑油带进轴承的楔形空间,从而建立压力油膜,使轴颈与轴承被油膜隔开,这种轴承称为动压润滑轴承。

②静压润滑轴承。将润滑油加入轴颈与轴承的配合间隙中,使轴颈与轴承处于液体摩擦状态,这种轴承称为静压润滑轴承。

(2)按结构形式分,滑动轴承可分为整体式滑动轴承、部分式滑动轴承和内柱外锥式滑动轴承。

①整体式滑动轴承(图 3-56)。轴承座用螺栓与机架相连接,轴承座顶部装有油杯,轴承座内压入轴套。轴套上有进油孔,在轴套的内圆面开有油孔和轴向油槽。整体式滑动轴承的结构简单,轴颈只能从端部装入,磨损后无法调整轴颈与轴套之间的间隙。常用于轻载、低速或间歇工作的机械设备。

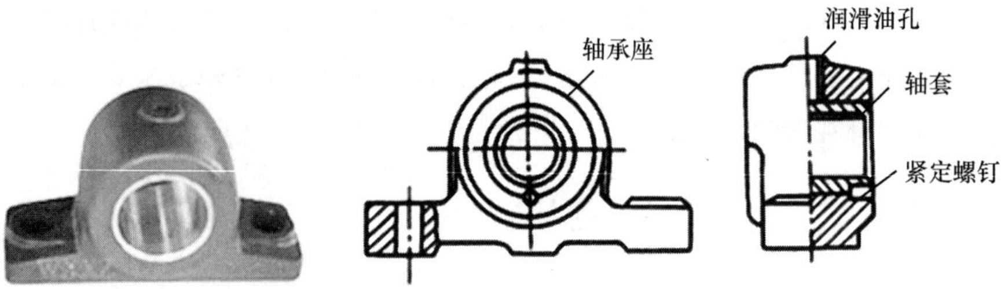

图 3-56　整体式滑动轴承

②部分式滑动轴承(图 3-57)。部分式滑动轴承由轴承座、轴承盖、部分轴瓦、双头螺柱等组成。在轴瓦座上镶两块轴瓦,其接合处配合适的垫片以调整间隙,在使用一段时间磨损后,可以通过调整垫片厚度再次获得合理的配合间隙。剖分式滑动轴承具有结构简单,调整和拆卸方便等优点,主要用于承受重载荷的大中型机器。

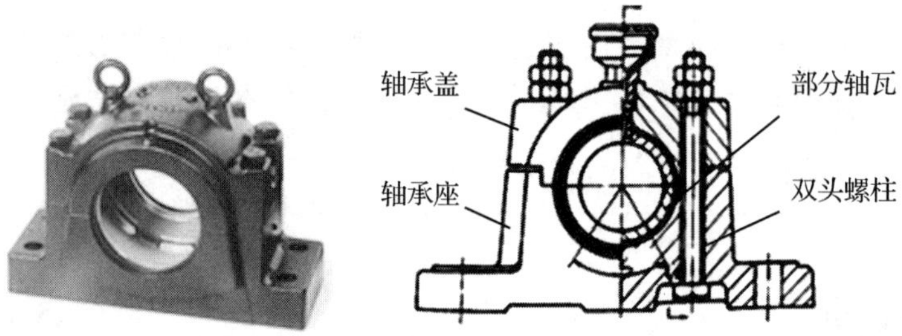

图 3-57　剖分式滑动轴承

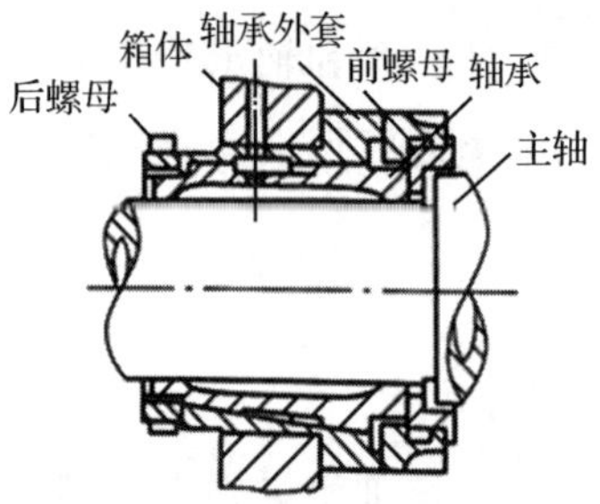

图 3-58　内柱外锥式滑动轴承

③内柱外锥式滑动轴承。内柱外锥式滑动轴承由轴承、轴承外套和前、后螺母等组成,如图 3-58 所示。轴承外表面为圆锥面,与轴承外套贴合。在外圆锥面上对称地开有轴向槽,其中一条切穿,并在切穿处嵌入弹性垫片,使轴承内径具有可调节性。当调节前、后螺母时,可使轴承轴向前后移动,利用轴承套的锥面和轴承自身的弹性,使轴承内孔直径收缩或扩张,使轴承与轴颈的间隙减小或增大,形成液体动压润滑。内柱外锥式滑动轴承的轴承间隙可调整,且旋转精度高,主要用于中速中载的场合。

3. 滑动轴承的装配技术要求

滑动轴承的装配方法取决于轴承的结构形式。滑动轴承的装配技术要求是轴颈与轴承孔之间获得所需的间隙、良好接触和充分润滑,使轴在轴承中运转平稳,轻便,灵活,无阻滞现象。

二、实操训练

【主要任务】根据实物完成整体式滑动轴承的装配,并达到装配技术要求。

【实操指导】根据装配任务要求，装配前识读、分析装配图，明确整体式滑动轴承的结构特点、装配技术要求与装配方法，并准备合适的工具、量具、刀具，掌握铰削、刮削的基本操作技能。

重点：轴套的装配。

难点：轴套孔的修整。

【实操内容】

（1）识读装配图，准备工具、量具、刀具。通过识读整体式滑动轴承装配图，分析各零件间的相互关系，明确整体式滑动轴承的结构特点、装配技术要求和装配方法，并准备合适的工具，量具，刀具。

（2）清洗配件。清洗轴套和轴承座孔，并在配合表面上涂润滑油。

（3）压入轴套。根据轴套与轴承座孔配合过盈量的大小确定合适的压入方法。当尺寸和过盈量较小时，可用锤子加垫块将轴套敲入；当尺寸和过盈量较大时，则用压力机或用拉紧夹具把轴套压入轴承座孔内。

（4）轴套定位。压入轴套后，按实物要求用紧定螺钉或定位销固定轴套位置，以防轴套随轴转动。固定方式如图 3-59 所示。

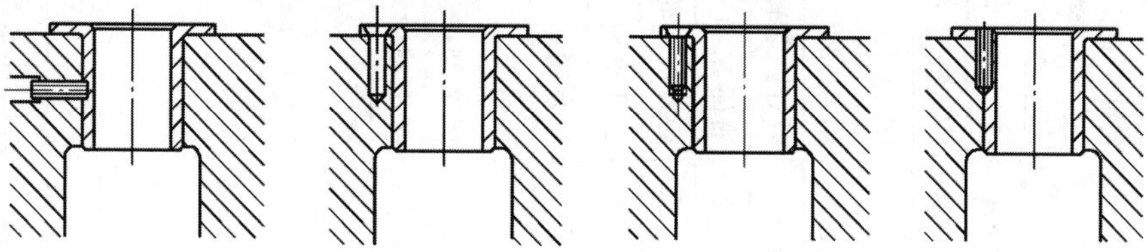

(a)径向紧定螺钉固定　(b)端面铆钉固定　(c)端面螺钉固定　(d)骑缝螺钉固定

图 3-59　轴套固定方式

（5）修整轴套孔。对压入后产生变形的轴套，应进行内孔的修整。尺寸较小的可用铰削的方法，尺寸较大的必须用刮削的方法。修整时应注意控制与轴的配合间隙。

（6）轴套检验。轴套修整后，沿孔长方向取 2 处或 3 处，用内径百分表做相互垂直方向上的检验，从而测得轴套的圆度误差及尺寸。此外还要检验轴套孔中心线对轴套端面的垂直度。

三、实操记录与评价

1. 制订工作计划

师傅指导记录	制订工作计划质量评价	评价成绩
		年　月　日

2. 学徒岗位工作任务实施表

<table>
<tr><td colspan="2" rowspan="2"></td><td colspan="2" rowspan="2">装配工艺过程卡片(分装)</td><td colspan="2">产品型号</td><td>Y7-00</td><td>部件图号</td><td>Y7-43-02A</td><td>版本号</td><td>S02</td></tr>
<tr><td colspan="2">产品名称</td><td>自走式玉米联合收获机</td><td>部件名称</td><td>后升运传动</td><td>共 2 页</td><td>第 1 页</td></tr>
<tr><td rowspan="2">工序号</td><td rowspan="2">装配内容</td><td rowspan="2">装配顺序</td><td colspan="4">所需配件</td><td rowspan="2">技术要求</td><td rowspan="2">工艺装备</td><td rowspan="2" colspan="2">辅助材料</td></tr>
<tr><td>序号</td><td>代号或分装件</td><td>名称</td><td>数量</td></tr>
<tr><td rowspan="17"></td><td rowspan="17">后升运
传动装配</td><td rowspan="17">①安装一端轴承,然后装入后升轮轴,镶入另一端轴承
②安装后升链轮
③安装后升被带轮
④装配后升拉杆焊合</td><td>1</td><td>Y7-436005A</td><td>后升链轮 Z18</td><td>1</td><td rowspan="17">1. 装配时,后升张紧臂内充满钙基润滑脂
2. 装配后,轮毂应转动灵活,不得有卡滞现象
3. 螺栓 M10 扭紧力矩 33～55 N·m
4. 螺栓 M12 扭紧力矩 60～100 N·m</td><td rowspan="17">1. 气动扳手 B16
2. 套筒 16
3. 套筒 18
4. 双头呆扳手 16-18
5. 双头呆扳手 13-15
6. 手锤</td><td rowspan="17" colspan="2">黄油</td></tr>
<tr><td>2</td><td>GB/T 1096</td><td>键 8×28</td><td>2</td></tr>
<tr><td>3</td><td>GB/T 279</td><td>轴承 6206-RS</td><td>2</td></tr>
<tr><td>4</td><td>Y7-43-02-01A</td><td>后升张紧臂焊合</td><td>1</td></tr>
<tr><td>5</td><td>GB/T 1152</td><td>油杯 M10×1</td><td>1</td></tr>
<tr><td>6</td><td>Y7-431008</td><td>后升被带轮</td><td>1</td></tr>
<tr><td>7</td><td>Y7-436006</td><td>后升轮轴</td><td>1</td></tr>
<tr><td>8</td><td>Y7-434001</td><td>后升端盖</td><td>2</td></tr>
<tr><td>9</td><td>GB/T 93</td><td>垫圈 10</td><td>2</td></tr>
<tr><td>10</td><td>GB/T 5783</td><td>螺栓 M10×20</td><td>2</td></tr>
<tr><td>11</td><td>GB/T 5782</td><td>螺栓 M12×55</td><td>2</td></tr>
<tr><td>12</td><td>GB/T 6170</td><td>螺母 M12</td><td>2</td></tr>
<tr><td>13</td><td>Y7-43-02-03A</td><td>后升拉杆焊合</td><td>2</td></tr>
<tr><td>14</td><td>GB/T 93</td><td>垫圈 12</td><td>2</td></tr>
<tr><td></td><td></td><td></td><td></td></tr>
<tr><td></td><td></td><td></td><td></td></tr>
<tr><td></td><td></td><td></td><td></td></tr>
</table>

标记	处数	更改文件号	签字	日期	标记	处数	更改文件号	签字	日期	编制(日期)	校对(日期)	审核(日期)	标准化(日期)	会签(日期)

3. 学徒关键职业能力及职业品质、工匠精神评价

项目	等级			
	A	B	C	D
工作态度				
吃苦耐劳				
团队协作				
沟通交流				
学习钻研				
认真负责				
诚实守信				

4. 学徒对工作过程的思考

____

____

____

____

____

____

岗位工作任务二　滚动轴承的装配

【任务描述】

了解滚动轴承的类型、结构特点与应用场合，了解滚动轴承的装配技术要求和装配方法，掌握深沟球轴承和圆锥滚子轴承的装配方法。

【任务分析】

滚动轴承是一种滚动摩擦性质的轴承，滚动轴承具有摩擦阻力小、轴向尺寸小、启动灵敏、效率高、旋转精度高、润滑简便和更换方便等优点。但与滑动轴承相比，其抗冲击性能较差，在高速运转时噪声大，工作寿命短。

一、基础知识

1. 滚动轴承的结构

滚动轴承是将运转的轴与轴承座之间的滑动摩擦变为滚动摩擦，从而减少摩擦损失的一种精密的机械元件。滚动轴承一般由内圈、外圈、滚动体和保持架四部分组成，如图3-60所示。内圈的作用是与轴相配合并与轴一起旋转；外圈的作用是与轴承座相配合，起支承作用；滚动体借助保持架均匀地将滚动体分布在内圈和外圈之间，其形状大小和数量直接影响滚动轴承的使用性能和寿命；保持架能使滚动体均匀分布，防止滚动体脱落，引导滚动体旋转。

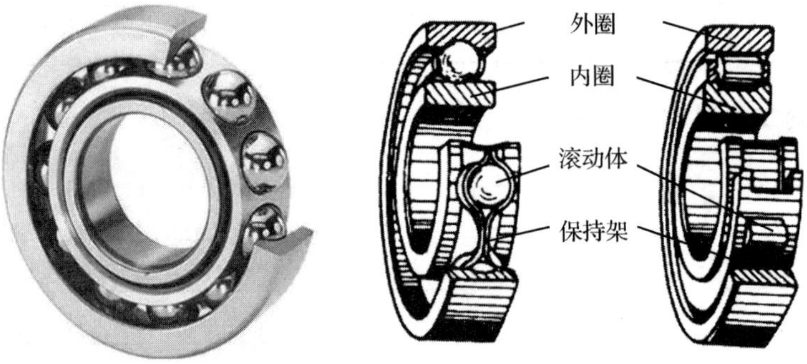

图 3-60　滚动轴承

2. 滚动轴承的类型

滚动轴承的结构形式和基本尺寸均已标准化，轴承的内圈与轴的配合为基孔制，外圈与轴承孔的配合为基轴制。滚动轴承在机械制造业中应用很广泛。滚动轴承有多种分类方法。

图 3-61　深沟球轴承

（1）按承受载荷的方向不同，滚动轴承可分为三种。

①深沟球轴承。深沟球轴承是滚动轴承中最普通的一种类型，基本型的深沟球轴承由内圈、外圈、一组钢球和一组保持架构成，如图3-61所示。深沟球轴承内圈有深沟滚道，主要承受径向载荷，也能承受一定的轴向载荷。深沟球轴承应用广泛，多用于精度、径向刚度要求不高和不需要预紧的主轴上，如用于小功率电动机、齿轮变速器、滑轮等部件中。

②推力球轴承。推力球轴承只能承受一个方向的轴向载荷，可以限制轴和外圈一个方向的轴向移动，轴向承载能力和轴向刚度大，如图3-62所示。推力球轴承多用

于轴向载荷大、转速不高的场合。如用于起重机吊钩、立式水泵、千斤顶、低速减速器等机件上。

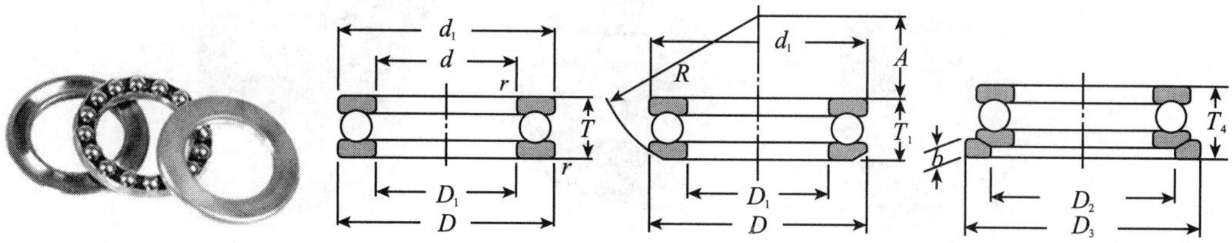

图 3-62　推力球轴承

③角接触球轴承。角接触球轴承能同时承受径向载荷和轴向载荷。角接触球轴承承受轴向载荷的能力由接触角 α 决定，α 越大，承受轴向载荷的能力也越大，如图 3-63 所示。角接触球轴承用于转速较高、同时承受径向载荷和单向轴向载荷的主轴上，如内圆磨床和外圆磨床头架主轴。

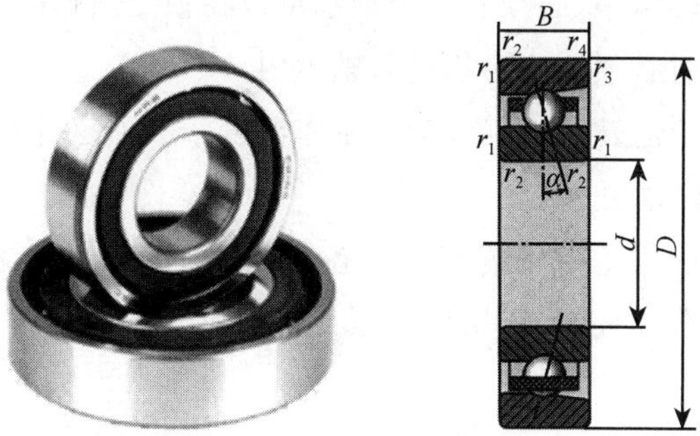

图 3-63　角接触球轴承

(2)按滚动体的形状不同，滚动轴承可分为球轴承和滚子轴承。滚子轴承又分为圆柱滚子轴承、圆锥滚子轴承、球面滚子轴承和滚针轴承等。各种形状的滚动体如图 3-64 所示。

(a)　　(b)　　(c)

图 3-64　滚动体

(3)按轴承中的滚动体列数不同,滚动轴承可分为单列轴承、双列轴承和多列轴承三种类型,如图 3-65 所示。

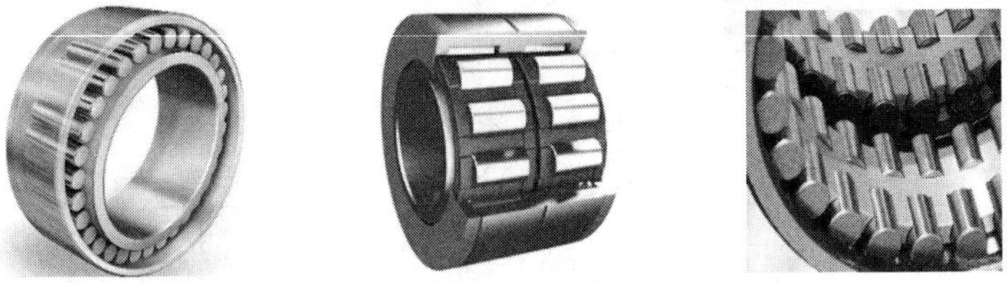

(a)单列轴承　　(b)双列轴承　　(c)多列轴承

图 3-65　各种滚动体列数类型

3. 滚动轴承装配技术要求

(1)滚动轴承上标有代号的端面应装在可见方向,以便更换时查对。

(2)轴承装在轴上和壳体孔中后,应没有歪斜现象。

(3)轴颈或壳体孔台阶处的圆弧半径应小于轴承上相对应的圆弧半径。

(4)在同轴的两个轴承中,必须有一个轴承可以在轴受热膨胀时产生轴向移动。

(5)装配滚动轴承时必须防止污物进入轴承内。

(6)装配后的轴承应运转灵活,噪声小,工作温度一般不超过 65 ℃。

4. 滚动轴承的装配方法

(1)滚动轴承的装配方法可根据配合过盈量的大小确定。当配合过盈量较小时,可用锤击法;当配合过盈量较大时,可用杠杆压力机或螺旋压力机压入法;当配合过盈量很大时,可用热装法。

(2)滚动轴承的装配方法还可以根据轴承的类型来确定。

①圆锥滚子轴承的装配方法。由于外圈可以分离,装配时内圈和滚动体一起装在轴上,外圈装在壳体孔内,然后再调整游隙。

②推力球轴承的装配方法。推力球轴承有紧环和松环之分。装配时要使紧环靠在转动零件的平面上,使松环靠在静止零件的平面上,否则滚动体将丧失作用。

③角接触球轴承的装配方法。可分别通过修磨垫圈厚度、调节内外隔圈厚度、磨窄轴承厚度和用弹簧等方法来实现预紧。

二、实操训练

【主要任务】在某轴上完成某代号深沟球轴承的装配,并达到滚动轴承的装配技术要求。

【实操指导】首先要分析实物和工艺文件,明确装配技术要求,了解深沟球轴承的结构特点,确定装配方法;其次是准备合适的工、量具;然后是检查轴颈和轴承座孔的配合尺寸是否符合装配技术要求,清洗零部件,并加润滑剂;最后进行深沟球轴承的装配。

【实操内容】

任务一　识读装配图，准备工、量具及润滑剂

识读深沟球轴承装配图，分析各零件间相互关系，明确深沟球轴承的结构特点、装配技术要求和装配方法，并准备合适的工、量具及润滑剂，如锤子、专用套筒、磨石、油枪、外径千分尺、内径百分表、润滑油、润滑脂等。

任务二　检查、清洗零部件，并加润滑剂

检查轴承型号与图样是否一致，检查轴颈、轴承座孔是否有毛刺、锈蚀等并进行必要的修复，用外径千分尺、内径百分表分别检查轴颈和轴承座孔的配合尺寸是否符合装配技术要求。对于一般球轴承，用煤油清洗轴颈、轴承座孔及轴承端盖上的密封件等，并加润滑油、润滑脂。而对于深沟球轴承，因自带润滑脂，就不能进行清洗和加润滑脂。

任务三　装配深沟球轴承

深沟球轴承是整体结构，为了防止深沟球轴承损伤，装配深沟球轴承时必须用专用套筒同时顶住深沟球轴承的内、外圈，使锤子锤击力均匀作用在深沟球轴承上。

任务四　预紧深沟球轴承

轴承安装完毕后，装上轴承端盖，根据轴承与轴承座结构对轴承进行预紧，即给轴承的内圈或外圈施加一个轴向力，以消除轴承游隙，提高轴承在工作状态下的刚度和旋转精度。

三、实操记录与评价

1. 制订工作计划

师傅指导记录	制订工作计划质量评价	评价成绩
		   年　月　日

2. 学徒关键职业能力及职业品质、工匠精神评价

项目	等级			
	A	B	C	D
工作态度				
吃苦耐劳				
团队协作				
沟通交流				
学习钻研				
认真负责				
诚实守信				

3. 学徒对工作过程的思考

岗位工作任务三　轴组的装配

【任务描述】

明确轴承固定的方式、轴承游隙的种类、轴承预紧的方法、轴承密封装置的种类和润滑剂的种类，掌握圆锥滚子轴承的游隙调整方法。

【任务分析】

轴是机械中的重要零件，所有的传动零件如齿轮、带轮等都要装在轴上才能正常工作。轴组装配时要将装配好的轴组组件正确地安装在机器中，达到装配技术要求，保证其能正常工作。

一、基础知识

1. 轴组的概念

轴、轴上零件及两端轴承支座的组合称为轴组。

2. 轴组装配

轴组装配主要是指将轴组装入箱体，进行轴承固定、轴承游隙调整和轴承润滑装置装配等。

3. 滚动轴承的固定

轴工作时，不允许有径向移动和较大的轴向移动，也不能因受热膨胀而卡死。滚动轴承的径向固定是靠轴承外圈与外壳孔的配合来保证的。滚动轴承的轴向固定有以下两种基本方式。

(1)双支点单向固定。如图 3-66 所示，两轴承均利用轴肩顶住内圈，轴承盖压住外圈，从而使两端轴承各限制一个方向的轴向移动。由于轴热伸长量较小，一般可在轴承外圈与轴承盖间留有 0.5～1 mm 的补偿间隙 c。补偿间隙的大小可以通过调整垫片厚度或调节螺钉来实现。双支点单向固定方式适用于工作温度变化不大的短轴(轴承跨距 $L \leqslant 400$ mm)。

(2)单支点双向固定。将左端轴承内、外圈双向固定，右端轴承外圈不固定，可随轴做轴向移动，如图 3-67 所示。该固定方式工作时不会产生轴向窜动，轴受热时能自由地向一端伸长，轴不会被卡死。单支点双向固定方式适用于工作温度变化较大的长轴(轴承跨距 $L > 400$ mm)。

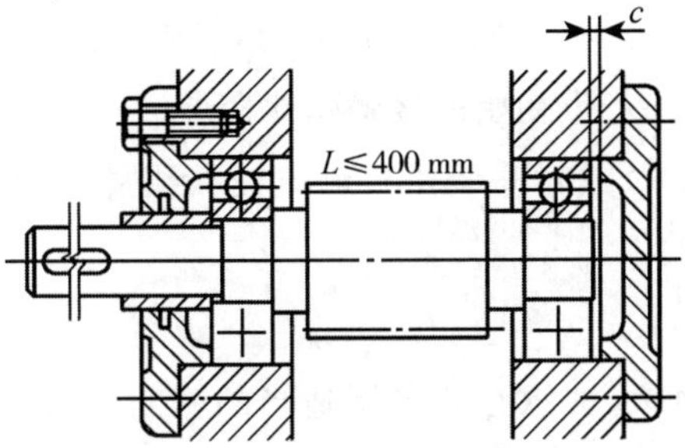

图 3-66　双支点单向固定

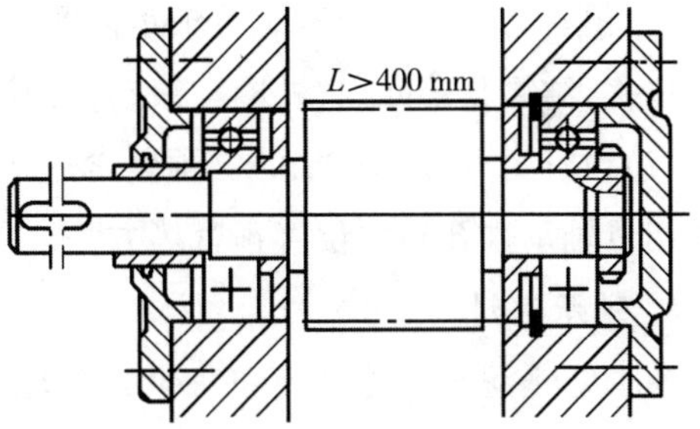

图 3-67　单支点双向固定

4. 滚动轴承游隙常用的检测方法

滚动轴承的游隙是指将轴承的一个套圈固定时另一个套圈沿径向或轴向的最大活动量。轴承游隙分为径向游隙和轴向游隙，如图 3-68 所示。

(1)径向游隙常用的检测方法。

①感觉法。用手转动轴承，轴承应灵活平稳地旋转，无卡住或制动现象。再用手晃

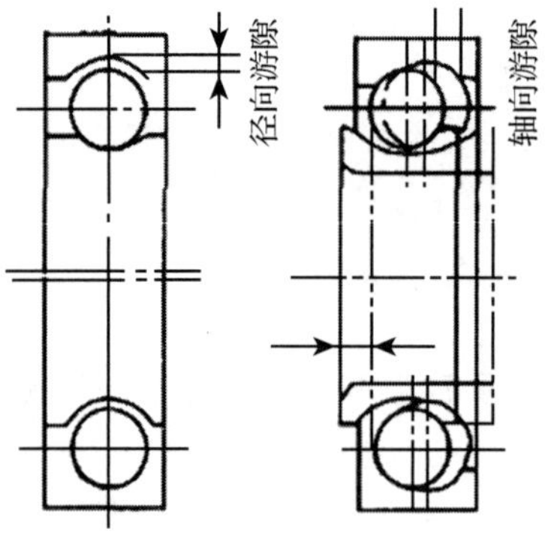

图 3-68　轴承的游隙

动轴承，即使只有 0.01 mm 的径向游隙，轴承最上面一点也有 0.10～0.15 mm 的轴向移动量。这种方法专用于检测单列向心球轴承。

②测量法。用塞尺测量，将塞尺插入轴承未承受载荷部位的滚动体与外圈（或内圈）之间进行测量，松紧相宜的塞尺厚度即为轴承径向游隙。这种方法广泛应用于调心轴承、圆柱滚子轴承和圆锥滚子轴承。另一种测量法是用百分表进行检测，检测时先将轴承外圈顶起，再用百分表测量，百分表的读数就是轴承的径向游隙。

(2)轴向游隙常用的检测方法。

①感觉法。用手指检查滚动轴承的轴向游隙，这种方法应用于轴端外露的场合。当轴端封闭或因其他原因不能用手指检查时，可检查轴是否转动灵活。

②测量法。用塞尺测量，操作方法与测量径向游隙的方法相同。还可用百分表进行检测，检测时用撬杠撬传动轴使轴分别处于两个极端位置，百分表读数的差值即为轴承的轴向游隙。但应注意施加于撬杠的力不能过大，否则壳体易发生弹性变形，即使变形很小，也影响所测轴向游隙的准确性。

5. 滚动轴承游隙的调整

滚动轴承游隙的调整是通过对滚动轴承进行预紧来实现的。预紧有利于提高滚动轴承的工作性能，提高主轴部件的旋转精度，也可以提高主轴部件的刚度和轴承的寿命。

(1)预紧的原理。预紧是给轴承内圈或外圈施加一定的轴向预载荷，使内、外圈发生相对位移，结果是消除内、外圈与滚动体的游隙，并产生初始的接触弹性变形。

(2)预紧的方法（图 3-69）。预紧常用垫圈预紧、成对安装角接触球轴承预紧、弹簧预紧和调节轴承锥孔轴向位置预紧等方法。

6. 轴承密封

为了防止润滑剂的流失和灰尘、水分进入轴承，轴承必须采用适当的密封装置。密封按被密封的两接合面之间是否有相对运动分为静密封和动密封两大类。动密封又按密封件和被密封面间是否有间隙分为接触式密封和非接触式密封两类。

7. 轴承润滑

(1)润滑剂的作用。在轴承或其他相对运动的接触表面之间加入润滑剂后，润滑剂能在摩擦表面之间形成一层油膜，使两个接触面上凸起部分不会产生撞击，并减小相互间的摩擦阻力。合理选择润滑剂，可以提高机械设备的使用寿命，并能起到冷却、防锈、防尘、缓冲和减振等作用。

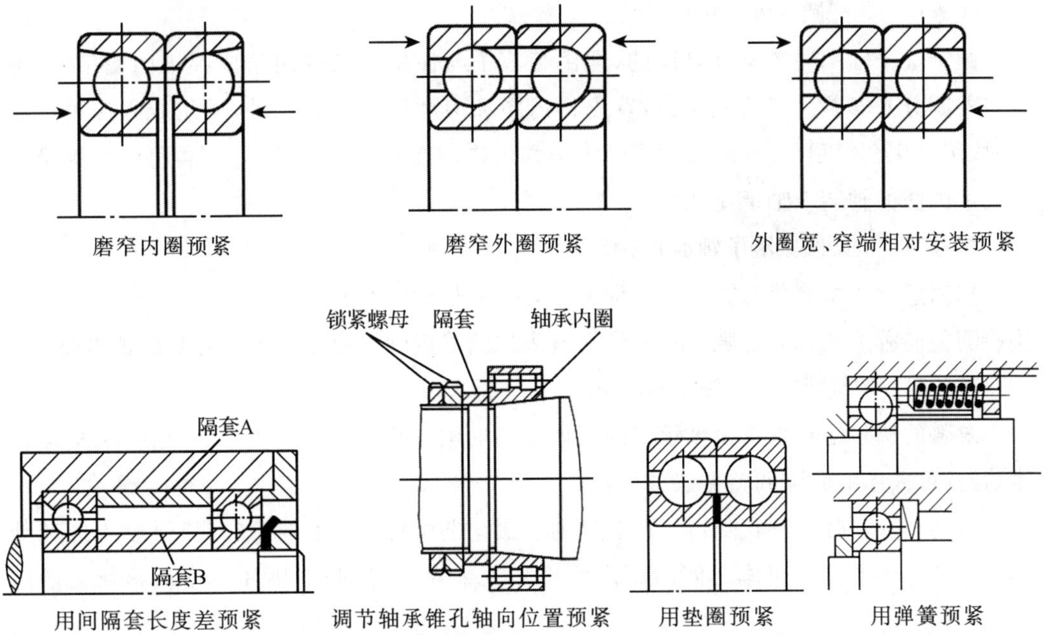

图 3-69 轴承预紧的方法

(2)润滑剂的类型。常用的润滑剂包括润滑油、润滑脂和固体润滑剂三类。

①润滑油。润滑油包括机械油、精密机床主轴油、汽轮机油、重型机械油等。

②润滑脂。润滑脂是由润滑油和稠化剂合成的一种油膏状半固态润滑剂。润滑脂有润滑、密封、防腐和不易流失等特点,主要应用于加油或换油不方便的场合。

③固体润滑剂。固体润滑剂有二硫化钼、石墨和聚四氟乙烯等,主要应用于高温高压或速度很低、载荷很重及不允许有油脂污染的场合。

二、实操训练

【主要任务】根据滚动轴承的装配技术要求,完成圆锥滚子轴承装配及游隙调整,并使游隙符合标准值。

【实操指导】首先要分析实物和工艺文件,了解圆锥滚子轴承的结构特点,准备工、量具;其次是装配圆锥滚子轴承;最后检测游隙并对圆锥滚子轴承的游隙进行调整。

重点:游隙的检测与调整方法的确定。

难点:游隙的调整。

【实操内容】

任务一 识读装配图,准备工、量具

识读圆锥滚子轴承配图,分析各零件间的互相关系,明确圆锥滚子轴承的结构特点、装配技术要求和方法,并准备合适的工、量具。

任务二　装配圆锥滚子轴承

圆锥滚子轴承通常是分离性的，即由带滚子与保持架的内圈组成圆锥内圈组件，可以与外圈分开安装。安装顺序为：首先将内圈和滚动体一起装入轴，采用压入法进行装配时，用专用套筒顶住内圈，使锤子锤击力均匀作用在轴承内圈端面上；再将装好圆锥滚子轴承内圈的轴装入轴承座孔内。

任务三　检测圆锥滚子轴承的游隙

先用感觉法检测径向游隙和轴向游隙，用手晃动轴承检查转动是否灵活。再用测量法检测径向游隙和轴向游隙，用塞尺、百分表检测确定轴承游隙是否符合装配技术要求。

任务四　调整圆锥滚子轴承的游隙

游隙的调整通常采用使轴承的内圈做适当的轴向相对位移的方法保证游隙，根据箱体结构，可采用的游隙调整方法如下：

(1)调整垫片法。调整时，一般先不加垫片，拧紧轴承盖上的螺钉，直到轴不能转动为止。测量轴承盖与壳体之间的距离后再加入垫片，通过调整垫片厚度获得所需的游隙，如图 3-70 所示。

(2)螺钉调整法。调整的顺序为先松开锁紧螺母，再调整螺钉，等游隙调整好后再拧紧锁紧螺母，如图 3-71 所示。

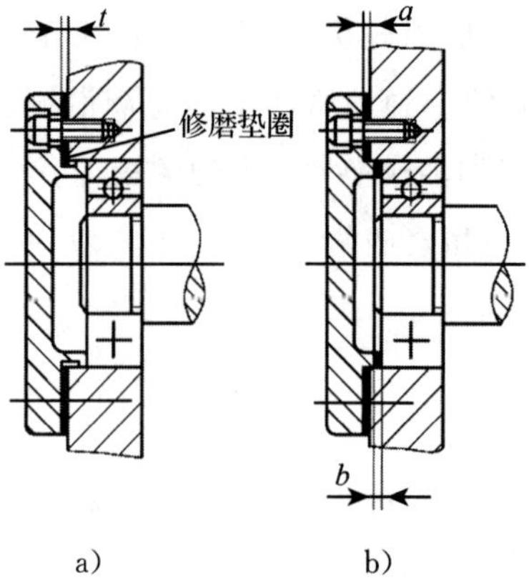

图 3-70　用垫片调整轴承间隙

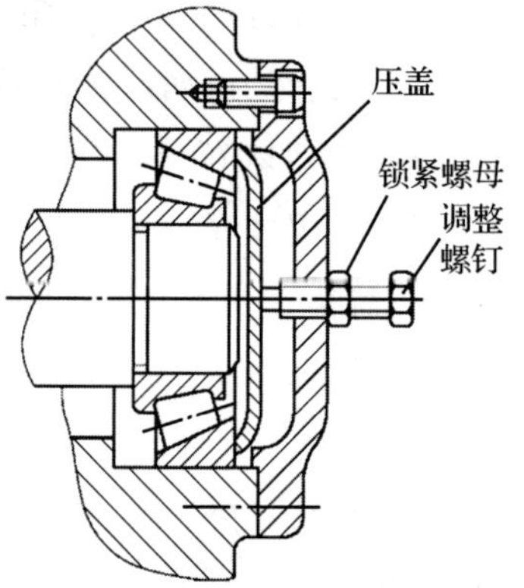

图 3-71　用调整螺钉调整轴承间隙

三、实操记录与评价

1. 制订工作计划

师傅指导记录	制订工作计划质量评价	评价成绩
		  年　月　日

2. 学徒岗位工作任务实施表

<table>
<tr><td colspan="2"></td><td colspan="2">装配工艺过程卡片(分装)</td><td>产品型号</td><td>Y7</td><td>部件图号</td><td>Y7-23C</td><td>版本号</td><td>S02</td></tr>
<tr><td colspan="4"></td><td>产品名称</td><td>自走式玉米联合收获机</td><td>部件名称</td><td>剥皮机</td><td>共 3 页</td><td>第 1 页</td></tr>
<tr><td rowspan="2">工序号</td><td rowspan="2">装配内容</td><td rowspan="2">装配顺序</td><td colspan="4">所需配件</td><td rowspan="2">技术要求</td><td rowspan="2">工艺装备</td><td rowspan="2">辅助材料</td></tr>
<tr><td>序号</td><td>代号或分装件</td><td>名称</td><td>数量</td></tr>
<tr><td rowspan="15"></td><td rowspan="15">剥皮机装配</td><td rowspan="15"></td><td>1</td><td>GB/T 6170</td><td>螺母 M24</td><td>2</td><td rowspan="15">1. 装配前,各轴承应加注锂基润滑脂
2. 装配后各旋转部件应转动灵活,无卡滞现象
3. 装配后安全离合器弹簧(序号 4)的压缩量为 26～45 mm,压簧(序号 11)的压缩量为 25～37 mm
4. 序号 37 螺钉的拧紧力矩不小于 50 N·m
5. 装配调整后,须将带座轴承 UELPA207 和 UELP207(序号 19、66)上的偏心套可靠地锁固在轴上,并将套上的螺钉紧固
6. 装配摆动轴承座时 $\phi 20$ 内孔须加注润滑脂,并将与之装配的销轴外圈表面擦拭干净,不得有油漆及锈渍</td><td rowspan="15">1. 气动扳手 B16
2. 套筒 16、套筒 18、套筒 13
3. 内六角扳手
4. 手锤
5. 手钳
6. 平口螺丝刀
7. 压装液压机 Y41-16T
8. 轴承压具 BMY-0072</td><td rowspan="15"></td></tr>
<tr><td>2</td><td>GB/T 97.1</td><td>垫圈 24</td><td>1</td></tr>
<tr><td>3</td><td>Y7-234001</td><td>弹簧压盖</td><td>1</td></tr>
<tr><td>4</td><td>Y7-236001</td><td>安全离合器弹簧</td><td>1</td></tr>
<tr><td>5</td><td>Y7-232001</td><td>安全棘轮套</td><td>1</td></tr>
<tr><td>6</td><td>Y7-173006</td><td>齿垫</td><td>2</td></tr>
<tr><td>7</td><td>Y7-23-12A</td><td>41 齿双链轮焊合</td><td>1</td></tr>
<tr><td>8</td><td>GTS-1</td><td>钢背复合轴承 3540(干摩擦)</td><td>1</td></tr>
<tr><td>9</td><td>Y7-234002</td><td>挡圈</td><td>20</td></tr>
<tr><td>10</td><td>Y7-236003</td><td>连接座(一)</td><td>2</td></tr>
<tr><td>11</td><td>Y7-236004A</td><td>压簧</td><td>10</td></tr>
<tr><td>12</td><td>Y7-238001B</td><td>限位管</td><td>10</td></tr>
<tr><td>13</td><td>Y7-233001A</td><td>夹紧套(一)</td><td>3</td></tr>
<tr><td>14</td><td>GB/ T1096</td><td>键 10×28</td><td>5</td></tr>
<tr><td>15</td><td>Y7-236005</td><td>锥齿轮(一)</td><td>3</td></tr>
</table>

续表

装配工艺过程卡片(分装)			产品型号	Y7		部件图号	Y7-23C	版本号	S02
			产品名称	自走式玉米联合收获机		部件名称	剥皮机	共 3 页	第 1 页
工序号	装配内容	装配顺序	所需配件				技术要求	工艺装备	辅助材料
			序号	代号或分装件	名称	数量			
			16	Y7-236008B	左半轴	1			
			17	Y7-233004B	摆动轴承座(一)	10			
			18	Y7-233006	摆动轴承座(二)	10			
			19	JB/T 5302	带窄立式座外球面轴承 UELPA207	2			
			20	GB/T 6181	螺母 M16	10			
			21	GB/T 91	销 3.2×40	10			
			22	GB/T 882	销轴 B10×35	20			
			23	GB/T 91	销 3.2×20	20			
			24	GB/T 97.1	垫圈 10	20			
			25	Y7-234004	连接板	8			
			26	Y7-233002A	夹紧套(二)	2			
			27	Y7-236006	锥齿轮(二)	2			
			28	Y7-232002A	固定轴承座	10			
			29	Y7-236007	顶杆	10			
			30	GB/T 84	螺钉 M10×25	2			

续表

	装配工艺过程卡片(分装)	产品型号	Y7	部件图号	Y7-23C	版本号	S02
		产品名称	自走式玉米联合收获机	部件名称	剥皮机	共 3 页	第 1 页

工序号	装配内容	装配顺序	所需配件				技术要求	工艺装备	辅助材料
			序号	代号或分装件	名称	数量			
			31	GB/T 6170	螺母 M10	16			
			32	GB/T 1243	滚子链 12A-1-16	1			
			33	Y7-233003	半联轴器	2			
			34	GB/T 1096	键 10×45	2			
			35	Y7-236009A	右半轴	1			
			36	Y7-234003	小挡圈	10			
			37	GB/T 70	螺钉 M10×30	15			
			38	GB/T 70	螺钉 M10×45	8			
			39	Y7-236011	连接座(二)	2			
			40	Y7-23-02B	剥皮机架焊合	1			
			41	Y7-234006	调节垫(二)	2			
			42	GB/T 5783	螺栓 M14×30	4			

标记	处数	更改文件号	签字	日期	标记	处数	更改文件号	签字	日期	编制(日期)	校对(日期)	审核(日期)	标准化(日期)	会签(日期)

3. 学徒关键职业能力及职业品质、工匠精神评价

项目	等级			
	A	B	C	D
工作态度				
吃苦耐劳				
团队协作				
沟通交流				
学习钻研				
认真负责				
诚实守信				

4. 学徒对工作过程的反思

附录

农业机械装配工学徒岗位课程标准

<table>
<tr><td>试点专业名称</td><td colspan="3">农业装备应用技术(510117)</td></tr>
<tr><td>学徒岗位课程名称</td><td colspan="3">农业机械装配工</td></tr>
<tr><td>学徒岗位课程描述</td><td>学生以学徒准技术员身份，在通过认证的企业师傅培训指导下，在企业农机装配工岗位上完成自走式玉米收获机的装配和调试过程，包括机架、前后桥总装及导向轮装配、割台装配、驾驶平台支撑架吊装、发动机-柴油箱-水箱-双联泵吊装、主传动装置吊装、无级变速器吊装、剥皮机等吊装及整车调试。</td><td>学徒工作学习周数</td><td>20周</td></tr>
<tr><td>课程教学目标与学习产出</td><td colspan="3">职业素质目标：
学徒企业和企业师傅对学徒学生职业守则行为规范、职业品质素养、工匠精神等日常表现的评价达到企业员工要求，良好。
专业知识目标：
通过学徒岗位培养，能够熟练运用装配工常用工、量具，完成固定连接的装配、机械传动机构的装配与调整。
职业能力目标：(技术技能和岗位从业能力)
1. 安全使用装配车间的设备，熟练操作装配的工、量具。
2. 独立分析解决生产中出现的日常问题。
3. 能够独立完成台虎钳的拆装和使用。
4. 在团队协作下能够编制出自走式玉米联合收获机发动机组件装配工艺规程卡片。
5. 能合作完成转向桥的装配。
6. 能合作完成驱动链轮组的装配。
7. 能合作完成割台的装配。
8. 能独立进行张紧轮的装配。
9. 能合作完成换向箱、后升运器(斜)装配、割台主传动的装配。
10. 能合作完成摘穗支架、液压操纵系统、主离合器装配。
11. 能够合作完成后升运传动装置、剥皮机的装配。</td></tr>
</table>

续表

学徒岗位认证条件	学徒岗位技术、设备、规模资质、质量管理等保障条件	规模资质： 公司占地面积45万平方米，拥有员工1 000人，总资产14亿元。公司主要产品为农牧业收获机械、耕作机械、农副产品加工及林果机械四大类六十余种。公司专注于中高端农牧机械产品，以高附加值、高技术含量以及替代进口农牧机械产品为主导，开发、生产了系列“牧神”品牌农机产品。“牧神”系列产品被评为新疆名牌产品，畅销国内各地，并在国内建立了较完善的产品销售及服务体系。 企业文化与质量管理： 企业管理规范，文化氛围浓厚，特色鲜明，管理规范。企业通过2000版ISO 9001认证，构建有完善的质量保证体系。 企业科技与人员水平： 近年来，公司承担国家及自治区科研项目50余项，通过科技成果鉴定20余项，29项产品经技术部门鉴定处于国内领先水平。公司未来的奋斗目标是把公司建设成为中国最专业、最优秀、最具竞争力的农牧机械开发和生产企业。
学徒岗位认证条件	学徒岗位课程实施工作场所与使用工具	工作场所：农机装配和制造车间。 使用工具：现代机械化装配工具、行吊、常用拆装工具。
	学徒岗位课程实施岗位职业安全与规章制度	企业安全生产制度要求： 1. 严格按照钳工、装配工常用工具和设备安全操作规程进行操作。 2. 操作人员必须熟悉设备性能，经过操作技术培训，考试合格后方能上岗操作。 3. 按照公司管理要求，将要装配的零部件有秩序地放在零件存放架或装配工位上。 4. 按照装配工艺文件要求安装零部件并进行测量。 5. 设备上的电气线路和器件以及电动工具发生故障，应交电工修理，自己不得拆卸，不准自己动手敷设线路和安装临时电源。 6. 工作中注意周围人员及自身安全，防止因挥动工具、工具脱落、工件及铁屑飞溅造成伤害。 7. 操作台钻作业、砂轮机作业、微型车床时严禁戴手套，工件应压紧，不得手持工件进行钻、磨、扩孔等。 8. 工作完毕或因故离开工作岗位，必须将设备和工具的电源断开。工作完毕，必须清理工作场地，将工具和零件整齐地摆放在指定的位置上。
	行业企业工作学习职业行为规范	职业守则：爱岗敬业，规范生产；掌握技能，精益求精；保证质量，诚实守信；立足本职，服务农民。 行为规范：着企业统一服装，衣着朴实；培训交流言语实在，言行一致；遵守企业规章制度，保护企业利益，保护自身安全，培养团队协作精神。 安全生产规范：遵守企业生产安全、出行安全、食宿安全的有关规定。

续表

企业师傅认证与配置要求	企业师傅认证条件： 1. 能较好遵守职业道德规范，品行端正。 2. 工作技能优秀，善于表达，善于沟通，责任心强，具备言传身教的能力。 3. 在工作岗位工作满 5 年及以上。 4. 技能水平需达到高级工及以上水平。 5. 有过成功带新员工经验者、评选为优秀员工者优先。 企业师傅配置要求： 1. 企业师傅需经专业学徒制委员会按“专业学徒师傅标准”认证。 2. 企业师傅与学生按 1∶1 或 1∶2 的比例配置。			
可考取的职业资格证书、行业或企业证书	农机修理工			
学徒岗位课程培训与工作任务（或项目）	培训与工作学习内容	培训、工作学习组织	学习产出目标	工作学习时间（周）
1. 企业岗前培训	企业文化管理、企业财务管理、人力资源管理、技术业务培训、产品市场营销等。	1. 由企业各部门主管按照新员工要求进行轮训。 2. 在企业师傅指导下制订学徒期间的工作计划、学习计划和专题研修计划。	1. 了解企业管理结构、发展环境。 2. 了解企业对技术员的业务和行为规范要求。 3. 了解企业技术、产品市场、财务报账流程等。 4. 制订学徒期间的工作计划、学习计划和专题研修计划。	1
2. 装配钳工基础知识和技能	1. 学习了解安全生产及文明生产的基本要求。 2. 了解装配钳工工作场地的布局及环境的要求。 3. 了解钳工工作台及常用夹具。 4. 掌握设备保养的基本要求。 5. 掌握钳工常用工、量具的选用方法。	由企业师傅培训指导和安排本阶段的业务工作，熟悉公司生产计划和目标任务，了解岗位工作任务，在师傅指导下制订本人或部门装配工作计划，开展新技术一对一培训。	1. 熟知钳工生产车间现场布置，熟悉钳工装配常用设备和工具。 2. 会使用台虎钳并能进行拆装。 3. 能安全操作砂轮机。 4. 明确“7S”管理内容，掌握方法。 5. 了解并能正确选择和使用装配钳工常用工量具。 6. 做到设备和工量具保养的“三好”“四会”。	2

续表

3. 装配的基础知识	1. 了解装配工艺过程和装配工作组织形式。 2. 掌握常用装配方法和制定装配工艺规程。	由企业师傅培训指导和安排本阶段的业务工作，熟悉公司生产计划和目标任务，了解岗位工作任务，在师傅指导下制订本人或部门装配工作计划，开展新技术一对一培训。	1. 根据已装配的自走式玉米收获机实物，分别确定套件、组件、部件。 2. 编制出自走式玉米联合收获机发动机组件装配工艺规程卡片。	3
4. 固定连接的装配	1. 熟练掌握螺纹连接的装配。 2. 掌握键连接、销连接的装配。 3. 了解过盈连接的装配。	由企业师傅培训指导和安排本阶段的业务工作，熟悉公司生产计划和目标任务，了解岗位工作任务，在师傅指导下制订本人或部门装配工作计划，开展新技术一对一培训。	1. 能进行转向桥的装配。 2. 能进行驱动链轮组的装配。 3. 能进行割台的装配。 4. 能进行张紧轮的装配。	5
5. 机械传动机构的装配与调整	明确带传动、链传动、齿轮传动、蜗杆传动、螺旋传动、液压传动等机构和联轴器与离合器的特点、种类、应用场合、装配技术要求及相关工艺知识。	由企业师傅培训指导和安排本阶段的业务工作，熟悉公司生产计划和目标任务，了解岗位工作任务，在师傅指导下制订本人或部门装配工作计划，开展新技术一对一培训。	1. 能进行换向箱的装配。 2. 能进行后升运器(斜)装配的装配。 3. 能进行割台主传动机构的装配。 4. 能进行摘穗支架装配。 5. 能进行液压操纵系统装配。 6. 能进行主离合器的装配。	5
6. 轴承和轴组的装配	1. 明确滑动轴承、滚动轴承的类型、结构特点和应用场合。 2. 掌握装配技术要求及相关工艺知识。 3. 明确轴承固定的方式、轴承游隙的种类、轴承预紧的方法。 4. 掌握各种轴承的装配方法和轴承游隙的调整方法。	由企业师傅培训指导和安排本阶段的业务工作，熟悉公司生产计划和目标任务，了解岗位工作任务，在师傅指导下制订本人或部门装配工作计划，开展新技术一对一培训。	1. 完成圆锥滚子轴承装配及游隙调整。 2. 能进行后升运传动装置的装配。 3. 完成剥皮机装配。	3

续表

<table>
<tr><td>7. 学徒培养总结</td><td>企业师傅指导学徒系统总结学徒期间各项计划的完成情况，形成学徒总结。专题研修报告具有一定的技术含量。</td><td>总结、指导、审阅修改总结报告和研修报告。</td><td>1. 完成学徒培养总结报告。
2. 完成学徒岗位工作总结报告。
3. 完成学徒培养学习成果报告。
4. 完成专题研修技术报告或论文。</td><td>1</td></tr>
<tr><td>职业品质与工匠精神培养</td><td colspan="4">学徒以准员工身份，在企业师傅指导下，在通过企业管理、玉米收获机组装的生产组织、绩效考核、调查研究、分析总结等业务工作开展中，不断磨炼职业品质和素养，规范职业行为，逐步形成工匠精神，培养良好的职业素养。</td></tr>
<tr><td>工作学习资源</td><td colspan="4">学徒制教材、网络资源、企业中的学习资源。</td></tr>
<tr><td>学徒学业考核评价方案</td><td colspan="4">按照学院学徒制试点改革方案，学徒清楚描述企业学徒岗位工作情景，充分体现社会化学习成果和岗位工作成果，注重关键职业能力和技术技能的掌握和运用。
<table>
<tr><td colspan="2">企业岗位考核(20%)</td><td colspan="2">企业师傅观察性考核(20%)</td><td colspan="3">学徒量化学习产出目标考核(60%)</td></tr>
<tr><td colspan="2" rowspan="5">按企业员工同等要求的月考核结果。</td><td colspan="2" rowspan="5">企业师傅在以师带徒的过程中对学徒的态度、行为规范、职业品质、工匠精神和专业知识掌握情况进行观察性考核。</td><td colspan="3">学徒岗位完成工作任务量化技术技能操作运用能力考核</td></tr>
<tr><td>序号</td><td>技术技能名称</td><td>评价结果</td></tr>
<tr><td></td><td></td><td></td></tr>
<tr><td></td><td></td><td></td></tr>
<tr><td></td><td></td><td></td></tr>
<tr><td>月份</td><td>考核结果</td><td>项目</td><td>等级(A/B/C/D)</td><td></td><td></td><td></td></tr>
<tr><td></td><td></td><td>工作态度</td><td></td><td></td><td></td><td></td></tr>
<tr><td></td><td></td><td>行为规范</td><td></td><td></td><td></td><td></td></tr>
<tr><td></td><td></td><td>职业品质</td><td></td><td></td><td></td><td></td></tr>
<tr><td></td><td></td><td>工匠精神</td><td></td><td></td><td></td><td></td></tr>
<tr><td></td><td></td><td>专业知识掌握应用能力</td><td></td><td></td><td></td><td></td></tr>
</table></td></tr>
</table>

参考文献

[1] 高永伟,沈震江,装配钳工[M]. 北京:机械工业出版社,2017.
[2] 杜百灿,拖拉机装配工[M]. 北京:中国劳动社会保障出版社,2011.
[3] 刘治伟,装配钳工工艺学[M]. 北京:机械工业出版社,2016.
[4] 高庆毓,汽车装配工[M]. 北京:机械工业出版社,2018.
[5] 傅华娟,农机机械基础[M]. 北京:机械工业出版社,2014.
[6] 田大伟,装配钳工基本技能[M]. 北京:中国劳动社会保障出版社,2009.
[7] 朱宇钊,装配钳工[M]. 北京:机械工业出版社,2014.
[8] 徐兵,机械装配技术[M]. 北京:中国轻工业出版社,2008.